U0219066

国家出版基金项目
NATIONAL PUBLICATION FOUNDATION

现代农业高新技术成果丛书

健康养猪工程工艺模式

——舍饲散养工艺技术与装备

Healthy Production System for Swine

—Technologies and Equipments in Pig Loose Housing System

施正香　李保明　等著

中国农业大学出版社

· 北京 ·

内 容 简 介

《健康养猪工程工艺模式——舍饲散养工艺技术与装备》一书,是根据中国农业大学10多年来在猪的健康养殖工艺模式与关键支撑技术的理论研究与实践应用总结提炼出来的。该书提出的舍饲散养工艺模式改变了传统定位饲养养猪模式,充分考虑了猪的生物学特点和行为需求,为猪群设计了合理的躺卧、采食、饮水与排泄、玩耍等四大功能区,实现了群养条件下的"四区定位"和规模化养猪舍饲散养清洁生产。书中重点介绍了支撑这一创新模式的低碳节能环境控制技术与装备,包括采用局部环境控制的仔猪暖床、母猪调温猪床、调温地板等;福利化健康养猪的关键支撑装备技术,包括干湿饲喂器、母猪群养智能化饲喂系统、粪尿分离微缝地板与清粪系统、猪用福利玩具等。舍饲散养工艺模式综合了清洁生产技术、精确饲养技术、福利化技术等,对提高猪的自身抵抗力、日增重和饲料转化率,减少用药、降低死淘率,改善肉质风味等效果显著。该书的出版,可为我国不同地区在现代猪场建设、健康养猪工程技术模式选择、技术应用时提供借鉴和参考。

图书在版编目(CIP)数据

健康养猪工程工艺模式:舍饲散养工艺技术与装备 / 施正香,李保明等著. —北京:中国农业大学出版社,2012.7

ISBN 978-7-5655-0490-7

Ⅰ.①健… Ⅱ.①施… ②李… Ⅲ.①养猪学 Ⅳ.①S828

中国版本图书馆 CIP 数据核字(2012)第 021923 号

书　名	健康养猪工程工艺模式——舍饲散养工艺技术与装备			
作　者	施正香　李保明　等著			

策划编辑	丛晓红		责任编辑	洪重光
封面设计	郑　川		责任校对	王晓凤　陈　莹
出版发行	中国农业大学出版社			
社　址	北京市海淀区圆明园西路 2 号		邮政编码	100193
电　话	发行部 010-62731190,2620		读者服务部	010-62732336
	编辑部 010-62732617,2618		出　版　部	010-62733440
网　址	http://www.cau.edu.cn/caup		e-mail	cbsszs@cau.edu.en
经　销	新华书店			
印　刷	涿州市星河印刷有限公司			
版　次	2012 年 7 月第 1 版　　2012 年 7 月第 1 次印刷			
规　格	787×1092　16 开　10.25 印张　250 千字			
定　价	68.00 元			

现代农业高新技术成果丛书
编审指导委员会

编　委　会

著　者　　施正香　李保明　陈　刚

庞真真　顾招兵　席　磊

陈安国　惠　雪　王树华

卢凤君　王朝元　赵淑梅

周道雷　赵芙蓉　张晓颖

主　审　　王云龙

出版说明

瞄准世界农业科技前沿,围绕我国农业发展需求,努力突破关键核心技术,提升我国农业科研实力,加快现代农业发展,是胡锦涛总书记在 2009 年五四青年节视察中国农业大学时向广大农业科技工作者提出的要求。党和国家一贯高度重视农业领域科技创新和基础理论研究,特别是"863"计划和"973"计划实施以来,农业科技投入大幅增长。国家科技支撑计划、"863"计划和"973"计划等主体科技计划向农业领域倾斜,极大地促进了农业科技创新发展和现代农业科技进步。

中国农业大学出版社以"973"计划、"863"计划和科技支撑计划中农业领域重大研究项目成果为主体,以服务我国农业产业提升的重大需求为目标,在"国家重大出版工程"项目基础上,筛选确定了农业生物技术、良种培育、丰产栽培、疫病防治、防灾减灾、农业资源利用和农业信息化等领域 50 个重大科技创新成果,作为"现代农业高新技术成果丛书"项目申报了 2009 年度国家出版基金项目,经国家出版基金管理委员会审批立项。

国家出版基金是我国继自然科学基金、哲学社会科学基金之后设立的第三大基金项目。国家出版基金由国家设立、国家主导,资助体现国家意志、传承中华文明、促进文化繁荣、提高文化软实力的国家级重大项目;受助项目应能够发挥示范引导作用,为国家、为当代、为子孙后代创造先进文化;受助项目应能够成为站在时代前沿、弘扬民族文化、体现国家水准、传之久远的国家级精品力作。

为确保"现代农业高新技术成果丛书"编写出版质量,在教育部、农业部和中国农业大学的指导和支持下,成立了以石元春院士为主任的编审指导委员会;出版社成立了以社长为组长的项目协调组并专门设立了项目运行管理办公室。

"现代农业高新技术成果丛书"始于"十一五",跨入"十二五",是中国农业大学出版社"十二五"开局的献礼之作,她的立项和出版标志着我社学术出版进入了一个新的高度,各项工作迈上了新的台阶。出版社将以此为新的起点,为我国现代农业的发展,为出版文化事业的繁荣做出新的更大贡献。

中国农业大学出版社

2010 年 12 月

序

  舍饲散养工艺是善待动物的动物养殖工艺,是当代规模化养殖场在生产工艺方面的大趋势。有些国家已经对畜牧场实行动物福利的立法。这项养猪工艺是根据猪的生物学特性,诸如生理需要、环境要求、形态特征、行为习性等,特别是群体饲养中的个体行为,研发出适于猪群管理的生产工艺及其技术装备。该工艺既满足猪体本身健康生长的各项需要,又具备适宜猪群管理特设的设备条件。猪舍内不设限位猪栏,猪群大群散养于猪舍内,利用猪的合群性和个体的差异,如模仿性、攻击性、体势强弱、视物而行的个体行为,顺其自然形成较为稳定的猪群社区,故又称"猪村养猪"[①],给猪以回归大自然的自由享受。猪的舍饲散养工艺,是一种符合猪的群体行为特点的养猪生产工艺技术,这项技术设备经过引进消化吸收和 10 多年的试验研发,在我国已形成国产化的产业雏形,并已配套生产,可以推广应用。

  舍饲散养养猪工艺的原型是由德国"诺廷根暖床系统"养猪工程工艺技术,经过"中国化"的研究开发而成的养猪生产新工艺。"诺廷根暖床系统"养猪工程工艺技术是德国特宾根地区农业局 Helmut Bugl 根据自然放养时猪群的行为表现而研发的,并于 20 世纪 80 年代初期与诺廷根大学养猪专家 Schwarting 教授合作,做进一步的试验研究。因大量的试验研究工作是在诺廷根大学试验猪场进行的,其核心技术装备是适于猪各生长阶段睡卧的保温箱,这种保温箱称之为"暖床",故这项工艺技术连同配套装备统称为"诺廷根暖床系统"。Helmut Bugl 先生经过 10 多年研究,其成果在欧洲推广应用,受到业内人士好评,得到养猪业公认。Helmut Bugl 先生认为中国是养猪大国,发展此项工艺潜力很大,于 1990 年来中国申办专利,获得成功。为寻求合作伙伴,于 1992 年邀请本人赴欧考察,并赠送哺乳仔猪和断奶仔猪两个阶段的仔猪暖床及其温控设备。回国之后按其原形复制了几套做初试,经过多次试验取得了良好的效果。为了便于应用推广,必须将这套设备做"中国化"的研发,降低成本。于是在制造业厂家试制设备,并在接受设计新猪场委托时,尽量采用"诺廷根暖床系统"工艺模式。在我国北方、南方各地均有试用。经过 10 多年的"中国化"研发,不断改进

---

  ① 来源:参考消息,1996 年 3 月 8 日科技版。

和发展,逐步形成了"猪村养猪"的舍饲散养工艺新的养猪模式,现趋于成熟。2001 年 10 月确立该研究为正式研究课题,申报立项研究,由中国农业大学李保明教授主持,做进一步的规范化研究。2005 年教育部主持、组织项目技术鉴定,于当年 12 月通过了鉴定验收。

当前,规模化养猪主要有 4 种工艺模式:定位饲养、圈栏饲养、舍内厚垫草散养、舍外露天放养。前两种均为限制猪活动范围,以便饲喂和管理,是为便于饲喂人员提高管理定额设置的。这两种工艺模式由于饲养空间狭小,猪只活动受限,有损猪的健康,影响繁殖年限,且易造成外伤事故。厚垫草养猪和户外放养这两种养猪模式均为散放饲养,是比较原始的养猪工艺。猪的活动范围较大,行动有自由,但占用面积大,不利于节约用地,在我国难以采用。另外,这两种工艺模式猪只随处便溺,不利于清洁生产,猪在同一个群体内相互接触机会多,不利于防疫。

现有的养猪生产工艺,存在违背猪的本性,限制猪的活动,不利于健康养猪生产,或猪群接触面大,不利于防疫,有碍清洁生产,造成不安全等问题。上述诸多问题,有碍猪的健康、清洁、安全生产的实现。发展养猪事业与其他生产一样,不能墨守成规,同样需要转变观念。从方便于人的管理,转换为发挥猪的本能管理猪群,更利于提高生产效率、节能减排和实施安全防疫措施,使得规模化、规范化养猪有技可施、有章可循,符合科学养猪的产业发展要求;使养猪者赚钱、吃肉者放心。

经济、技术的全球化已日益深入广泛,我国已经进入国际贸易组织(WTO)。选择遵循国际组织的技术法规、符合国际组织的产品技术要求和规定的技术标准的农牧业生产技术路线,已是当务之急,必须尽快提到议事日程。动物养殖生产,与食物、衣着产品紧密相关,无论在绿色有机食品的级别层次标准,还是动物福利法规要求方面,均要创造条件,以使不能受限和受制于他国,使其有利于顺利通过考验。因此,在国际商品交易中,不仅要保证产品的质量和卫生安全,还要保证产品在生产过程中生产工艺要符合国际要求。动物养殖过程中的善待动物工艺——动物福利生产工艺,必然要提到技术层面上来,只有这样,才能积极应对国际贸易中的技术壁垒。

舍饲散养养猪生产工程工艺,是规模化养猪产业的新型工艺技术,是符合我国国情,便于实施清洁生产、落实工程防疫技术措施、实行动物福利工程的崭新的养猪工艺技术模式。此书的编写适合时宜,可在我国"三农"建设中发挥作用。

王云龙

2011.12

前　言

　　《健康养猪工程工艺模式——舍饲散养工艺技术与装备》是根据中国农业大学农业部设施农业工程重点实验室,在猪的健康养殖工艺模式与关键支撑技术的理论研究与实践应用中总结提炼出来的。10多年来,该工作先后得到了教育部重点项目"规模化猪场清洁生产新工艺及配套设备研究(03018)"、高等学校优秀青年教师教学科研奖励计划项目"畜禽规模化养殖清洁生产新工艺及配套设备研究(0187)"、十五国家科技攻关项目课题"畜牧生产新工艺及其配套设施设备研究与示范(2004BA514A07-02)"、十一五科技支撑计划项目课题"畜禽新型工业化健康养殖工艺技术与关键设备研究开发(2006BAD14B01)"、国家公益性行业(农业)科研专项"现代农业产业工程集成技术与模式研究(200903009)"等项目的资助。舍饲散养工艺模式改变了传统定位饲养养猪模式,充分考虑了猪的生物学特点和行为需求,为猪群设计了合理的躺卧、采食、饮水与排泄、玩耍等四大功能区,实现了群养条件下的"四区定位"和规模化养猪舍饲散养清洁生产,在舍饲散养工艺模式创新、节能环境调控保障技术、设施装备支撑关键技术等方面形成了一系列成果,已获授权发明专利6项,实用新型专利4项,发表相关学术论文50余篇。获2008年教育部科技进步二等奖,2009年昆明市科技进步一等奖,2011年中华农业科技奖二等奖。

　　本书从环境、工程技术对猪的行为和生理影响入手,结合猪的生长发育特点、生理和行为需要,按照猪的不同生理时期,即母猪的配种、妊娠和分娩,断奶仔猪保育和育成育肥猪等阶段,提出相应的生产工艺模式以及与之配套的环境控制技术、清洁生产技术、精确饲养技术、福利化技术等,并详细介绍了与工艺模式配套的仔猪保温节能猪床、冷暖猪床、干湿饲喂器、母猪群养智能化饲喂系统、粪尿分离微缝地板及其清粪系统、猪用抗应激器等新技术装备。书中很多素材源于施正香的博士论文以及庞真真、席磊、顾招兵、周道雷、张晓颖等攻读学位期间的研究成果,中国农业大学陈刚副教授、卢凤君教授、王朝元副教授、赵淑梅副教授,浙江大学的陈安国教授,山西农业科学院的王树华副研究员,中博农畜牧科技股份有限公司的惠雪,参与了部分内容的编写或为本书提供了有价值的素材。全书由中国农业大学李保明教授、施正香教授、王云龙教授策划,施正香教授执笔完成并对全书统稿润色。希望本书的出版能为我国不同地区开展生猪健康养殖,在养猪工程技术模式选择、技术应用时提供借鉴和参考。

限于时间和作者水平,书中难免有不妥之处,恳请广大读者批评指正。

本书是在我国畜牧工程学科的奠基人王云龙教授积极倡导下完成的。先生从事畜牧工程事业已有 60 载,积极倡导为我所用、物本主义和善待动物的养猪新理念。①为我所用,即立足于中国国情,着眼于世界技术取舍,根据中国经济发展阶段与时俱进;②物本主义,即回归自然,物归原本,力求简单的自然法则;③善待动物,即饲养管理的技术、环境要符合动物习性、生理和行为需求,还其自然自在的生命活动,并兼顾人在其中。先生从 20 世纪 50 年代引进前苏联的家畜卫生学起步,到 60 年代形成牧场设计学,70 年代末开始更名家畜环境卫生学,并参与创办了农业建筑与环境工程本科专业,80 年代初开始又相继招收畜牧环境工程方向的硕士研究生、博士研究生。在畜牧工程学科领域的科学研究、基地建设等方面形成了一批我国特色的畜牧工程创新技术成果,培养了一批高水平人才。90 年代初期,虽然先生已经退休,但仍为引入和推广德国的"诺廷根暖床系统"动物福利工程工艺技术奔波四方。在先生的带领下,中国农业大学相关人员开始积极探索我国特色的健康养猪工程工艺新模式,研究开发了我国舍饲散养新工艺福利养猪的工程设施配套部分技术和产品,为推动动物福利事业的发展,缩小与欧美等发达国家在养殖工程技术与装备上的差距奠定了基础。

谨以此书献给为我国畜牧工程学科奋斗一生的王云龙教授!

著　者

2011.12

目　　录

第1章

绪　论

1.1　推行良好养猪生产工艺模式的意义

现代养猪生产过程中,养殖生产工艺的确定至关重要。良好的养猪工艺可以充分发挥良种猪的遗传潜力和饲料营养成分的利用率,降低疫病的发生率,为高产、优质、高效的养猪生产创造条件,达到提高养猪生产水平的目的。中国是养猪大国,根据中国畜牧业年鉴统计,2009 年我国年出栏生猪 45 117.8 万头,猪肉产量为 4 987.9 万 t,均居世界第一位。[1]来自国家统计局的数据显示,2009 年,我国的猪肉总产量占全世界的 47%,约占我国肉类总产量的 64%(图 1.1、图 1.2)。[2]虽然数量很大,但生产方式相对落后,规模化程度很低。目前,养猪生产基本上还沿袭着传统的生产方式,以农户为单元的养殖方式占主导地位,其饲养畜禽的数量占全国总饲养量的 70%以上。[3-7]与国外相比,无论是规模化养殖还是农户散

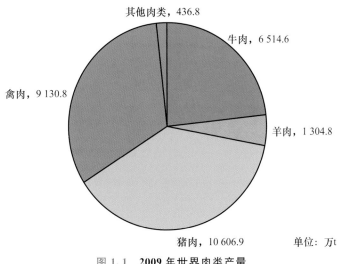

图 1.1　**2009 年世界肉类产量**

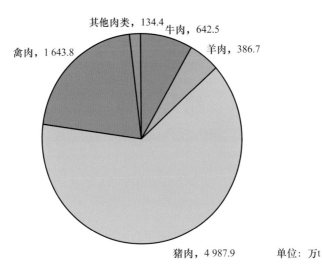

图 1.2　2009 年中国肉类产量

养都存在着很大差距。

20 世纪 70 年代以来,中国的畜禽养殖逐渐由传统的小规模生产方式向集约化、工厂化生产方式转变,畜禽规模化养殖业得到快速发展。但就总体而言,我国是以千家万户分散饲养、人畜混居为主的饲养方式,这使中国的养猪生产基本处于低水平的局面,因而猪肉品质得不到保证,其产品只能供给国内市场,很难打入国际市场尤其是欧盟市场。近年来,国外养猪业在进一步提高集约化、自动化的同时,越来越关注猪的生存环境,重视动物本身的行为福利和生理需求,积极推行绿色养殖。[8,9]特别是欧洲国家,近年来纷纷开始立法,以确保动物的福利。如英国家畜福利法规定,家畜在饲养过程中,必须做到无营养不良,饲料的数量和质量都应充分保证;无冷热和生理上的不适,饲养管理体系应无伤害和疾病,物理和群体环境应无限制地表现大多数正常的行为,无惧怕和应激。又如,由于全漏缝地板会导致比较严重的咬斗、猪蹄受伤,[10]荷兰已禁止使用这种饲养方式;丹麦正在进行禁止断尾的立法活动;欧盟已颁布法令,自 2004 年 2 月起,须在猪圈里放上一些可供猪玩耍的"玩具",如果做不到这一点,则面临罚款或者监禁。[11]

为更好地适应世界养猪业发展趋向,推进中国养猪产业的健康和可持续发展,寻求符合动物福利的新型养猪生产工艺模式,已成为中国养猪业能否崛起的关键。因此,需要从养猪生产工艺模式着手,通过合理的生产工艺和相关配套技术,来提高资源利用率、减少粪污排放量、降低运行成本和能耗,协调好猪、环境与人之间的关系,以保障猪肉产品质量安全,提高其国际竞争力。

1.2　我国养猪业发展现状

我国是世界上养猪最早的国家之一,也是世界上养猪最多的国家之一。除了部分少数民族外,我国居民均喜欢猪肉。虽然近 20 年来,我国肉食结构发生很大的变化,但是,猪肉仍是我国最重要的肉食品种类,养猪生产在我国畜牧业中占有重要的地位。与其他国家一样,我国的养猪业也经历了由传统养猪生产到实行现代化生产的过程。在传统养猪生产时期,养猪为了积肥,即所谓猪多肥多,肥多粮多。养猪业除了提供猪肉外,主要是为农业生产提供有机肥料,从属于种植业,所以称之为副业。这一时期,主要以农户为单位,进行简单的养猪生产,生产规模小,生产效率低。随着生活水平的提高,人们对猪肉的需求越来越旺盛,市场出现猪肉供应不足。为提高生产效率,增加产品数量,养猪业逐渐进入专业化生产阶段。养猪的生产规模不断扩大,开始采用优良的品种、优质的饲料,注重疫病防制,并将养猪设备与设施投入到生产中,养猪生产的经济效益得以增加。随着养猪生产者的增多,产品数量增加,市场供求平衡,这时养猪生产者只有通过提高生产的科技含量,扩大饲养规模,降低生产成本,才能获得较高的经济效益。养猪业完全形成一个独立的产业,进行集约化经营、产业化生产,养猪生产进入现代化养猪生产阶段。

目前,我国正处于由传统养猪生产向现代化养猪生产的转型阶段,我国生猪饲养已形成较为明显的优势区域,四川、湖北、山东、河南、广东等地成为我国生猪生产主产区,其中,四川年出栏 6 010 万头生猪,位居全国第一。中国畜牧业统计年鉴的数据显示,2009 年,我国年出栏肉猪 85 737 万头,其中,年出栏 50～3 000 头的养殖户或小型养殖场出栏的肉猪约 37 872 万头,占总出栏量的 44.17%;3 000 头以上规模猪场出栏的肉猪数量约 10 100 万头,仅占总出栏量的 11.78%。[1] 就总体而言,小规模的农户分散饲养和规模化养殖场生产方式在我国并存,总体的规模化程度还相对较低(表 1.1)。

表 1.1 我国猪场规模化程度

出栏区间划分	场(户)数	所占百分比/%	出栏头数/万头	所占百分比/%
年出栏数 1～49 头	69 960 452	96.65	37 764.70	44.05
年出栏数 50～99 头	1 623 484	2.24	11 086.16	12.93
年出栏数 100～499 头	633 791	0.88	13 498.77	15.74
年出栏数 500～999 头	108 676	0.15	7 183.13	8.38
年出栏数 1 000～2 999 头	40 010	0.06	6 104.77	7.12
年出栏数 3 000～4 999 头	8 744	0.012	3 203.98	3.74
年出栏数 5 000～9 999 头	4 172	0.006	2 684.55	3.13
年出栏数 10 000～49 999 头	2 432	0.003	3 665.94	4.28
年出栏数 50 000 头以上	69	0.000 1	546.34	0.64
合　　计	72 381 830		85 738.34	

来源:2009 年中国畜牧业统计年鉴。

1.2.1 规模化养猪生产存在的主要问题

虽然规模化养猪可提高工厂化水平,但由于许多规模养猪场技术管理跟不上发展要求,导致规模养猪场生产水平低下,效益不高。在实现养猪生产的高产出、高效率过程中,还存在很多问题,主要表现在:

①集约化养猪生产比重小,生产水平低,各地发展不平衡。一般经济发达地区集约化

养猪生产比重大,约占全国的10%。我国目前的养猪生产水平只达到世界的平均水平,距世界先进水平有较大差距。据FAO生产年鉴(2003)显示,2003年中国生猪出栏率为124.68%,比20世纪八九十年代有很大提高,但与同期的美国(169.78%)、加拿大(152.69%)、法国(175.91%)、日本(168.44%)等国相比,相差30~40个百分点,甚至不及世界平均水平(130.44%)。每头存栏猪的产肉量,2003年中国只有98.06 kg,与同期美国(146.3 kg)、加拿大(150.81 kg)、法国(174.66 kg)、日本(129.36 kg)相比,相差30~77 kg。然而,从图1.3中可以看出,近几年来我国平均每头猪的产肉量不但没有增加,反而呈下降趋势。[3-7]

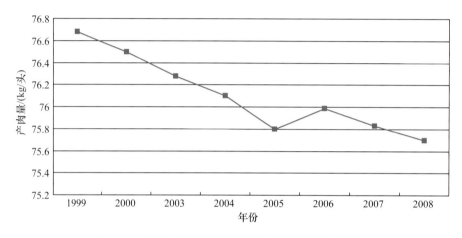

图1.3 1999—2008年间我国平均每头猪产肉量变化

②规模化饲养,常因饲养密度大而造成猪体质下降,猪肉质量降低。如美国由于PSE肉每年损失约3.2亿美元,仅由于肌肉系水力下降一项指标,每年就损失约1 000 t猪肉。在丹麦商品猪中劣质肉占10%~15%,从而影响其猪场的经济性能。我国的养猪生产也存在同样问题。

③舍内环境调控措施不当,不能满足猪的正常生理机能、活动对环境条件的要求。如舍内温度过高或过低;湿度过大引起皮肤发痒;通风不良及有害气体的蓄积等使猪产生不适感或休息不好而引发啃咬;光照过强,猪处于兴奋状态而烦躁不安,可引起猪的行为异常,从而影响生产力。

④设备不配套、舍内环境贫瘠而导致许多异常行为的发生,如啃栏、咬耳、咬尾、咬蹄、拱腹、啃咬异物等,造成猪群相互之间的伤害,以及对猪体的直接损伤,最终影响生产力。

⑤中国大部分规模化猪场目前仍然采用水冲粪或水泡粪的清粪方式,从而增加了粪污量和后期粪污处理难度。虽然部分规模化猪场采用了人工清粪方式,但由于圈栏地面设计不合理,管理跟不上,舍内产生大量灰尘、有害气体,恶化了舍内空气,严重影响猪只的健康生长和生产性能的发挥。

1.2.2 我国农户分散养猪存在的问题

近10年来,中国的养殖总量变化不大,养猪生产的规模化格局还没有形成。2009年,中国共有生猪养殖场（户）约 7 238 万家,其中年出栏生猪 50 头以下的养殖户就占了近 96.65%。[1]受疾病等问题的困扰,这种以农户庭院分散饲养为主的养殖业生产模式,普遍存在着工艺落后、经营粗放、科技参与程度低、经营管理水平不高、高耗低效,以及动物产品中有毒、有害物质的残留,饲养场对大气、土壤和水资源的污染等问题,严重制约了中国畜牧业的可持续发展及产品的国际市场占有率。加之农村养殖人畜混居、畜禽混杂,兽医卫生工作基础较薄弱,很易导致许多重大疫情的发生(如 2005 年在四川发生的猪链球菌病),对中国畜牧业造成了严重的冲击。[8]

1.2.3　未来我国养猪生产的发展趋势

改革开放以来,我国养猪生产规模不断扩大,综合生产能力稳步提高。猪肉人均占有量已达世界平均水平,养猪产业的规模化、标准化、产业化和区域化发展取得明显进展,到 2009 年末,生猪的规模化养殖程度(年出栏 100 头以上)已达到了 43%,猪肉产品质量明显提升。养猪产业从依靠增加存栏数和饲养量的粗放型发展转向依靠提高生产效率、产品质量和效益型发展,养猪生产中的科技投入力度显著提高。未来,我国的养猪生产将呈现以下趋势:

①现代化养猪场数量不断增加,产业化经营模式越来越多。

②养猪生产更加注重提高每头猪的产肉量和猪肉的品质,尤其强调猪肉的食品安全即绿色猪肉的生产。

③更加重视养猪场的环境控制和环境保护措施的完善。为猪只提供良好的环境条件,保证其正常的生长和发育;同时强调清洁生产,减少环境污染的来源,对养猪场的废弃物进行有效的处理和合理的利用。

④福利化理念将在今后的养猪生产中得到认可和重视。

1.3　国内外主要养猪生产工艺模式及其进展

具有特定生产工艺流程和综合的工程配套设备是现代养猪生产的基本特点,合理的养猪生产工艺模式则是以猪的生产过程为基础的。国内外养猪生产的工艺与设备经过多年的发展和改革,逐渐形成了定位饲养、圈栏饲养、厚垫草饲养、户外饲养、舍饲饲养、发酵床饲养等生产工艺模式。

1.3.1　定位饲养生产工艺

定位饲养工艺也称完全圈养饲养工艺。最早的定位饲养形式是用皮带或锁链,把母猪固定在指定地点,或者是用板条箱限制母猪的活动空间。大部分母猪专业场和自繁自养猪场,其配种、妊娠期的母猪及分娩期母猪一般都采用单体栏饲养。猪与猪之间由铁栏杆隔开,全部或部分漏缝地板,猪群以 7 d 为一个生产节拍进行周转。现在采用母猪产床也叫母猪产仔栏或防压栏,一般设有仔猪保温设备,哺乳母猪的活动面积小于 2 m²。这种方式始于 20 世纪 50 年代,六七十年代得到了广泛应用。其主要特点是"集中、密集、节约",猪场占地面积少,栏位利用率高,工厂化水平高,劳动组织合理。可较好地采用各种先进的科学技术,如可配合采用先进省水的滴水降温法对母猪进行夏季降温等,实现养猪生产的高产出、高效率。这种模式是工厂化养猪生产最为典型的一种模式,目前被世界各国普遍采用。

定位饲养在我国起始于 20 世纪 70 年代,它是在引进和吸收美国"三德公司"生猪饲养工艺设备的基础上,结合我国具体国情发展起来的,也是目前我国在母猪空怀、妊娠和分娩阶段使用最为普遍和技术最为成熟的一种饲养模式。在空怀和妊娠阶段采用单体栏饲养(图 1.4、图 1.5),在分娩阶段采用分娩栏定位饲养(图 1.6、图 1.7),分娩栏中一般设有仔猪保温箱,以此来调节仔猪和母猪的不同温度需要。

图 1.4　空怀、妊娠母猪单体栏

图 1.5　母猪无法自然躺卧

图 1.6　哺乳母猪分娩栏

图 1.7　哺乳母猪无法与仔猪自然交流

定位饲养生产工艺也面临一些难以克服的困难。如:①建场投资大、运行费用高;②高密度饲养使得舍内环境恶化;③限位栏让母猪变成了"大家闺秀,裹上脚"。母猪只能起卧,不能运动,造成母猪种用体质下降,繁殖障碍增多,肉质品味降低;④漏缝地板容易造成猪蹄和母猪乳头的损伤从而影响种用价值。

1.3.2 圈栏饲养生产工艺

与定位饲养工艺所不同的是,采用圈栏饲养生产工艺的各类猪场,其配种、妊娠期母猪以及断奶期仔猪、育成育肥期猪等都在大圈中饲养。母猪一般每圈 3~4 头,有的还设有舍外运动场;断奶仔猪、育成育肥猪一般以一窝或两窝作为一群。每圈饲养 8~10 头或 20 头(图 1.8)。但分娩母猪仍采用"扣笼"饲养,对母猪健康生产造成一定影响。圈栏饲养存在占地面积大,猪死亡率高等问题。

此外,公猪饲养常采用圈栏饲养。与一般的圈栏饲养不同的是,公猪一般为每圈 1 头,圈栏面积相对较大,一般在舍外配置相应面积的运动场,以确保其足够的运动。

图 1.8 单列大圈栏猪舍

1.3.3 厚垫草饲养生产工艺

为了减少猪蹄的损伤,提高床面温度,采用厚垫草饲养工艺来进行哺乳母猪和仔猪、断奶仔猪及育肥猪生产(图 1.9)。但该工艺易导致舍内粉尘浓度高,对呼吸道的损害较大,尘肺率高;还容易造成寄生虫病,增加蛔虫病感染的概率。

厚垫草除了在我国农村有使用外,规模化养猪场很少使用。近几年来,一些猪场用生物垫料替代垫草,用微生物直接分解消纳粪便,从而实现猪舍的零排放。但这种饲养方式需要大量的垫料,使用的菌种昂贵,比较适合于断奶仔猪使用,而对生长育肥猪、成年猪来说,由于垫料发酵过程中会产生大量热量和水汽,因此,需要采取合理的降温、降湿措施才能进行生产。[12]

图 1.9 厚垫草饲养的哺乳母猪及仔猪

以上 3 种工艺,哺乳仔猪均在相对封闭的保温箱内培育。通常,保温箱一个侧面的下方有一个可让仔猪自由进出的洞口,顶部配置热源为箱内提供一定的温度,仔猪在箱内呼吸。如果保温箱的顶部开口,则箱内空气可保持新鲜,但热量损失较大,增加了能耗。因此,为了保温需要,一般顶部密封,箱内换气不好,空气浑浊。断奶仔猪大多采用通栏饲养工艺,通过舍内供暖设施将舍温提高。即给整栋猪舍加温,加大了供暖费用。这种供暖方法虽可使猪体处于温热环境,但一般舍内温度不均匀,有些局部温度过高不符合猪的生理需求,对猪群的健康不利;处于高温的工作环境条件下,对人也是不利的。

1.3.4　户外养猪生产工艺

户外养猪生产工艺的核心是放牧结合定点补饲,即在草地或收割后的庄稼地里,用电栅栏等围成一个较大的围场,如图 1.10 所示,并提供一个让猪休息和睡眠的简易棚舍,配备完善的饮水系统和食槽,以供猪进行自由采食,如图 1.11 所示。这种饲养方式恢复了猪原来的活动状态和生态环境,可以接受大自然的锻炼,体质好、肉的品位高。同时,猪可以自由地表现其固有的行为习性,如拱鼻、舔舐、啃咬地面和外围物、靠蹭等行为,从而可有效避免规模化饲养过程中咬耳、咬尾等异食癖现象的产生。粪污不存在堆积,随猪的活动就地施肥,就地消纳。母猪的活动面积通常大于 5 m²,保证母猪具有足够的活动场所,提高了发情和受胎率,有利于母猪繁殖机能的提高,并且大大减少繁殖障碍。丹麦国家猪育种、健康和生产委员会在 1992 年 1 月至 1994 年 3 月期间,曾对户外养猪与舍饲条件下繁殖母猪生产力进行了研究。结果表明:户外饲养母猪卡他炎、乳房炎、无乳综合征发病率平均为 1%,而舍饲发病率为 5%~10%。

图 1.10　庄稼地放养猪

图 1.11　户外散放模式下的简易猪舍

户外养猪生产工艺是一种最古老的养猪生产工艺模式,因其效率低曾经被养猪企业冷落,但随着人们生活水平的提高,环境保护意识的增强,加上动物福利事业的发展,使该工艺模式生产的猪肉受到欢迎,且价格比较高,因此又在欧洲流行起来。这种方式可以满足猪的行为习性要求,投资少,节水节能,对环境污染少。随着动物福利日益得到人们的重视,进一步推进了该工艺模式的发展。但这种养猪模式受气候影响较大,占地面积大,应用有一定的局限性。我国南方山地草山草坡多,气温较高,在有条件的地方可以采用这种模式。

1.3.5　诺廷根暖床养猪工艺

诺廷根暖床养猪工艺也称猪村养猪工艺。该工艺中,舍内有较大范围的活动面积,猪群可自由行动,自己管理自己,形成猪的"社区"——"猪村"。这种养猪新工艺集猪的生理、生态、行为、习性于一体,符合猪的生物学特点和生命活动所需环境要求(图 1.12),符合动物福利,切实做到"猪得其乐,回归自然"。[13]

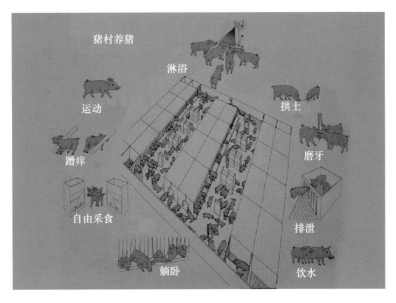

图1.12 诺廷根养猪生产系统

该工艺是德国猪行为学专家 Helmut Bugl 历经多年观察,以猪的行为习性、环境生理需求为基础,应用现代科学技术进行深入系统的研究而形成的一种舍饲福利养猪模式。该项技术的核心部分是供猪群睡卧的保温箱,即"暖床",专供猪睡卧。其他设施设备包括:适于猪群定点排粪并可自行出入的"猪厕所";为适应猪采食拱料行为的可干可湿的"自拌"料箱;为散发体热满足水浴要求的自行开关淋浴器;克服啃咬以满足猪只磨牙生理要求的磨牙链和拱癖槽;满足猪蹭痒用的蹭痒架等装置。

该工艺目前已在欧美各国得到推广应用。自1992年起,我国也相继引进和消化吸收这种养猪模式,并研究开发了适合我国国情的"暖床"养猪系统,在 Helmut Bugl 教授、中国农业大学王云龙教授指导下,山东、河北、重庆、云南等地这种养猪模式得到快速应用,效果显著。

1.3.6 选择养猪生产工艺的影响因素

养猪生产采用什么样的生产工艺和饲养方式,需要根据当地的经济、气候、能源等综合条件来决定,最终要取得经济效益、社会效益和生态效益。在选择与其相配套的设施设备时,凡能够提高生产水平的技术和设施应尽量采用。我国传统的规模猪场基本上是在美国"三德"公司的饲养方式基础上进行改造和深化的。该饲养工艺的主要特征是母猪采用限位饲养、培育仔猪网上饲养或漏缝地板饲养、育成育肥猪原窝漏缝地板饲养、深粪坑水冲粪清粪工艺。在引进后,结合我国生产实际进行了一系列适合我国国情的改造,如针对清粪工艺,将水冲粪方式改为人工清粪,以减少后期的粪污处理难度。但其问题是依然采用母猪限位饲养,这将导致母猪缺乏运动,引发母猪骨质脆弱、腿脚病和泌尿系统疾病,进而缩短母猪的使用年限。同时由于饲养环境比较贫瘠,常导致猪的啃栏、咬耳、咬尾、拱腹、恶性争斗等异常行为发生,[14-19]最终影响猪场的生产效益。

在我国,因劳动成本相对较低,在选择设施设备时,对能用人工代替的一般都暂缓采用相应设施,以降低成本,因而选择生产方式与国外有很大不同。若猪场规模太小,采用定位饲养,肯定会导致投资增加、栏位利用率降低、饲养成本升高。通常规模较大的猪场,一般将不同阶段猪群分舍饲养,按照"全进全出"的工艺实行管理。但在我国,往往会因为猪场规模较小,某些阶段的猪群数量达不到单栋饲养而采取同舍饲养,很难做到"全进全出"。后备母猪、空怀待配母猪、妊娠母猪、后备公猪、成年公猪等不同猪群饲养在同一栋舍的情形在我国规模猪场生产中非常普遍,这在很大程度上增加了猪场的防疫难度。我国猪场的专业化程度相对较低,多数规模猪场的猪群结构比较完整,包含配种、妊娠、分娩、保育、育成和育肥等各个阶段,受占地及工艺设计的限制,不同阶段猪群的生产都安排在同一生产区内进行,这种生产方式虽然相对集中,转群、管理方便,但容易使生产区内的仔猪受到垂直和水平的疾病传染,对仔猪健康和生长产生严重影响。在生产工艺模式的选择上,不同阶段的猪可以采用不同的工艺,如母猪,有些猪场采用定位饲养,也有的采用小群饲养;断奶仔猪有的采用网上饲养,也有的采用发酵床饲养;生长育肥猪有采用实体地面饲养,也有采用漏缝地板饲养的。生产中,猪群大小也不尽相同,如2000年以前,我国很多猪场生长育肥猪一般以窝为单位饲养在一个圈栏内,近几年来,则将同一圈栏内的猪群扩大到20头左右,即2窝猪合在一起饲养。此外,猪群的饲喂方式、饮水方式、清粪方式等也需要通过生产工艺模式加以确定。

1.3.7　养殖工艺模式和工程配套技术研究与应用

养殖业发达国家,如丹麦、美国、德国、日本等,在养殖工艺模式和工程配套方面已经基本定型,形成符合本国特点的饲养模式和标准化、产业化的工程技术产品与服务体系。美国、荷兰、丹麦、德国等,在养殖技术装备方面均有自己独特的成套技术与装备,并均已形成了本国的畜舍建筑设施与设备的设计手册或标准。[8]这些成套化的养殖技术与装备除满足本国的市场需求外,还分别出口到其他国家和地区。近年来,随着畜禽重大传染性疾病的不断发生和蔓延,以及动物福利呼声的逐步升温,畜禽的生存和生长环境条件愈加得到重视。以德国、英国和丹麦等国为首的欧盟国家加强了有关家畜饲养过程中的动物福利立法。[20,21]从动物的生理和行为需要出发,实施环境调控,对适合于不同家畜、不同阶段的新型生产系统、工艺模式及工程配套技术开展广泛的研究与实践,新的养殖模式和装备也在不断出现。如德国G. Schwarting和Helmut Bugl倡导的诺廷根生产系统,德国、丹麦等的母猪舍饲散养系统,丹麦的户外养猪系统等,日本等国则在大力研究生态养猪新技术。[22]

1.4　国内养殖工艺模式和配套技术研究与应用

品种、饲料营养、疫病防制、环境是现代畜牧业的四大关键技术。作为环境的核心,畜牧工程技术促进了畜牧业科学技术的发展,推动了设施养殖业向规模化、工厂化的集约生产方向迈进,加速了动物养殖业的技、工、贸一体化的进程,为动物养殖技术产业化创造了有利条件。20世纪80年代以后,国外的一些养殖模式在我国逐步得到推广应用。

由于我国在动物养殖产业化工程工艺技术的研究与应用起步较晚,发展也不平衡。如家禽养殖已形成了较为成熟的具有中国特色的工程工艺及其配套技术设施,蛋种鸡小群笼养技术、肉种鸡全程笼养技术、鸡的人工授精技术等均已有定型的生产工艺和成套的配套技术设施。我国的规模化猪场大多采用国外圈栏饲养和定位饲养模式,并在此基础上进行了一定的技术改进,也初步形成了具有中国特色的工艺模式。近年来我国一些专家开始探索符合我国国情的畜禽养殖新工艺模式及其配套定型设备。"九五"期间,农业部和科技部在主要畜禽规模化养殖及产业化技术研究与开发项目中列入"规模化猪、鸡场环境控制关键设备研制"专题,使得畜禽环境控制和工程工艺技术等方面的研究取得了较大的突破。"十一五"期间,中国农业大学联合国内相关的科研院所、高等院校、大型养殖企业、畜牧工程装备企业,开展畜禽新型工业化健康养殖工艺技术与关键设备的研究与开发,提出适于我国国情的新型工业化健康养猪新工艺模式,如猪的分阶段饲养、舍饲散养模式等,研制开发一些与工艺模式相配套的关键技术设施与设备的样机,实现了小批量生产,并在我国的云南、山东、江苏、河南、北京等地区建立了一批有影响的畜禽健康养殖试验示范基地。与此同时,国家和地方科技部门把畜禽健康养殖纳入重点支持的科技领域,各地在畜禽健康养殖方面也相继取得了一些成果,以2008年为例,有关畜禽健康养殖成果获得省部级以上奖励的有15项。[23]这对提升我国畜牧工程技术水平,促使我国从畜禽养殖大国变成养殖强国起到了一定的推动作用。但就总体而言,我国对畜禽养殖工程工艺技术及模式研究与重视不够,没有形成规范化、标准化的工程工艺模式,以至于在畜禽场建筑设施和环境调控设备及饲养设备方面不配套,或不能形成适合我国国情的成套的畜牧工程技术与系列化配套设备,畜禽养殖业的总体技术水平与发达国家相比还有较大的差距,我国的养殖业还没有形成真正意义上的工业化、专业化与标准化生产,农村养殖基本处于人畜混居、畜禽混杂的状态。近年来随着各地养殖小区的建设,在一定程度上改变了农村分散饲养的局面,但由于入区养殖户大多没有经过合理组织,给防疫和环境治理带来了更大的困难。我国作为畜禽产品的消费大国,随着全面建设小康社会的进程和人民生活水平的不断提高,对畜产品质量的要求将不断提高。以生态型清洁生产和健康养殖为主线的新工艺模式必然是我国养殖业发展的主要趋势。因此,积极开展畜禽健康养殖工艺模式、环境调控技术、粪污处理与利用技术、新型养殖装备等全面系统而深入的研究与开发,以更好满足我国养殖业现代化的需要。

第2章

健康养猪清洁生产工程工艺模式构建

2.1 健康养猪的内涵及理念

2.1.1 健康养猪的内涵

健康养殖的概念最早是在20世纪90年代中后期我国海水养殖界提出的,起因是我国对虾养殖业遭受白斑综合征(WSS)病毒病的严重袭击,以后陆续向淡水养殖、生猪养殖和家禽养殖渗透并完善。一些专家学者从养殖过程中的病害、健康养殖的原理以及目标、动物营养和生态条件等不同角度对健康养殖进行了阐述。

近几年来,我国生猪养殖业出现了价格大幅波动、疫病发生频繁、有效供给不足等诸多问题,要使我国保持生猪养殖业的持续、稳定发展,提高食品安全和生态环境保护水平,保障消费者的健康,大力发展健康养殖是其必由之路。

最早将"健康养殖"概念引入畜牧业的张国红,[24] 2001年在辽宁大连召开的"畜产品安全高层研讨会"上指出,健康养殖是根据养殖对象的生物学特性,运用生理学、生态学、营养学原理来指导养殖生产的一系列系统的原理、技术和方法,以保护动物健康、保护人类健康、生产安全营养的畜产品为目的,最终以无公害畜牧业的生产为结果。

可以认为,健康养猪应是一种具有较高经济、社会和生态综合效益的一种养殖模式,即依据猪的生物学特性,以保护生猪健康、人类健康和生态环境为目的,通过利用各种材料、方法和工艺、设施、装备,为猪营造一个良好的生活环境,来保证猪的正常生长发育、健康和生产,且对环境友好,最终生产出优质产品的工艺模式,是在以追求数量增长为主的传统养殖业的基础上实现数量、质量和生态效益并重发展的现代养殖业的工艺模式。

2.1.2 健康养猪的特点

①健康养猪的目的是为了保护生猪健康、人类健康和生态环境安全、生产产品安全,在

保证经济效益的前提下实现生态效益、社会效益与经济效益的和谐统一；

②能充分利用现代养殖高效率的生产方式和精确的环境调控技术，实现生物技术和工程技术的有机结合；

③可以克服传统养猪生产效率低下、人居环境较差、环境污染严重、疫病发生频繁等问题；

④生产的猪肉产品品质优良，符合国内高端和国际市场的要求，增强产品的市场竞争力和出口能力；

⑤疫病防控体系健全，很少发生疫病，生猪产品质量安全；

⑥健康养猪要求养殖规模适度，基本与养殖集中区域的环境承载量相当，养殖过程对环境的影响有限，有利于资源的合理开发利用和生态良性循环。

2.1.3　健康养猪的设计理念

健康养猪模式的设计，应既能保证猪的健康，同时也能保证环境健康、人类健康和产业健康。健康养猪包括种猪、仔猪、生长育肥猪等不同环节养殖的健康。要使种猪具有高的遗传潜能、抗病能力强、耐粗饲性能好，其饲养过程应符合种猪的生产要求和繁殖目标，后备母猪与基础母猪保持合理的比例，无动物疫病，繁殖过程中不会传播疾病。对于仔猪和生长育肥猪，须经过必要的免疫程序，其饲养过程和环境条件应符合仔猪和生长育肥猪的生产要求。生长育肥猪的健康是保障猪肉产品质量安全的基础，注重养殖过程中动物本身的生理和行为学要求，通过改善饲养环境和福利水平，降低动物应激水平，注意日粮的全价和均衡供应，提高猪自身的抗病能力，减少兽药、消毒药、添加剂的使用，防止在提高生产性能的同时，引起兽药、重金属等添加物残留量的超标，减轻对人类健康的负面影响。

健康养猪的生产环境设计应既符合猪的生长繁衍需要，还要能够改善人的作业条件。如在空间设计时，首先要考虑猪的体型尺寸和活动空间，其次考虑人体尺度和人体作业所需要的空间；在设备选型时，应满足不同生理阶段的猪的需要，避免对猪体造成损伤；在实施环境调控措施时，不能给猪造成额外的应激。将动物福利的思想引入猪的日常生产管理中，按照猪的生物学特点和行为习性进行猪群的管理和利用，体现"以猪为本"、"以人为本"的理念。

2.2　猪的行为学特点与健康养殖关系

2.2.1　猪的固有行为习性

无论是野猪还是家猪，都有一系列固有的行为习性。

1. 猪的感觉

猪的嗅觉和听觉灵敏，视觉不发达。猪能凭借嗅觉准确地找到食物，识别猪群内不同个体、投宿地点和躺卧位置，以及进行母仔之间的联系。初生仔猪依靠嗅觉寻找并固定乳头,在不同性别联系中嗅觉也起着十分重要的作用。猪的听觉极其敏锐,很易通过调教形成条件反射。猪的视觉很差,视距、视野范围很小,对光的强弱、物体形态、颜色等缺乏精确的辨别能力。

2. 猪的身体结构

猪有坚硬的吻突,好拱土觅食,因而对建筑物和饲料地有破坏作用。猪的被毛稀疏、皮肤表层较薄,对外界的刺激较为敏感,体表易受到损伤而引发感染。平时,为保持皮肤的清洁,需要依靠树木、墙体等固定设施摩擦、蹭痒。

3. 猪的群体和社交行为

猪的合群性强,并形成群居位次。群饲条件下,具有很强的模仿性、争食性和竞争性。新组建的猪群通常会发生激烈的咬斗现象,一般经过 24～48 h 会建立起明显的位次关系,而形成一个群居集体。[25]因此,生产中应避免频繁调换不同群的猪只,以减小因争斗对生产和健康产生的不利影响。

4. 猪的活动行为

猪的活动行为有明显的昼夜节律,野猪喜欢夜间活动,家猪则在驯化过程中改变了这一特性,主要在白天活动,其活动内容主要包括采食、饮水、排泄、站立、行走等。通常,喂饲前后的活动最为强烈,夜间则基本处于安静睡眠状态。一天中,猪有 70％～80％的时间为躺卧休息和睡眠,采食和饮水时间占 15％～16％。[26]

猪的昼夜活动因猪的年龄、性别、生理阶段不同而有所差异。如夜间休息时间,仔猪占60％～70％,种公猪占 70％,母猪占 80％～90％,生长育肥猪占 75％～85％。猪的体重越大,休息时间相对越长。妊娠母猪的躺卧休息时间达到将近 95％。[26]

5. 猪对生活环境的要求

猪喜干燥、爱清洁。猪喜欢在高燥的地方躺卧,选择阴暗潮湿或脏乱的地方排泄粪尿。猪有极强的区域感,即使在很有限的地方,仍会留出躺卧区和排泄区。生产中,如果圈舍设计合理,管理得当,可使猪只养成定点趴卧、排泄的习惯。

2.2.2　舍饲养猪的行为表现

舍饲条件下,大部分猪的固有行为都能得到表现,但应舍饲环境的改变,一些行为也会发生相应的改变。

1. 活动时间变化

舍饲条件下,猪无需觅食。除限饲外,猪一般都能够得到充足的日粮,因此,采食时间相应减少,休息时间相对增加。生产中,由于采用定时饲喂,故猪的采食时间和采食高峰都相对固定,各种活动行为有明显的高峰时段。

2. 群体大小、季节对猪活动行为的影响

猪群大小对猪的活动行为有一定影响。如生长育肥猪采用单独饲养与 90 头一群饲养相比,休息时间没有差异,但采食时间会减少(表 2.1)。230 头群养较 90 头群养下猪的活动增加将近 1 倍;小群饲养和大群饲养猪的躺卧时间有明显差异,如猪群为 10 头、20 头和 40头时,其躺卧时间分别为 83.76％、82.64％和 78.74％。[26]在炎热的夏季,猪的夜间活动时间

表 2.1 单养与群养猪活动行为分析 %

时间	单独饲养			90头一群饲养		
	休息	活动	采食	休息	活动	采食
白天(12 h)	79.4	13.6	7.0	81.8	9.8	8.4
夜间(12 h)	96.2	3.6	0.2	93.4	3.1	3.4
昼夜平均	87.8	8.6	3.6	87.6	6.5	5.9

和采食时间则会增多。

3. 争斗行为

舍饲条件下,由于饲养密度的增加,猪的活动以及群体交往行为会受到较大影响。特别是当躺卧和采食位置不足时,很易引发争斗。

4. 舍饲饲养下的异常行为

生产中,舍饲养猪采用的建筑设施多为水泥混凝土结构或轻钢结构,地面都作了硬化处理,活动空间的狭小,猪的生存环境较为贫瘠,加之饲养密度大,每天进行程式化管理,给予丰富的日粮等,使猪无所事事,容易引发各种异常行为,如咬尾、咬耳、拱腹、啃咬栏杆、逃逸、恶性争斗、毁坏墙壁和圈栏、伤害仔猪等。[27-31]

2.2.3 健康养猪工艺设计中的行为利用

1. 采用群养方式

考虑到猪属于群养动物,单养不利于猪的社群行为表达,在健康养猪工艺设计时应尽可能采用群养方式。即使在不增加饲养面积的前提下,群养较单养也能使每头猪获得更多的生存空间,从而有利于猪的活动和逃避争斗。但过大的群体可能会导致为争夺食物、躺卧地产生更为激烈的争斗,导致弱者或群体位次等级较低的猪无法满足正常的食物和躺卧。此外,群体过大也不利于精细化管理。

2. 躺卧区域的合理设计

猪的一生大部分时间都处于躺卧休息状态,合理的躺卧区设计,可使猪获得最大限度的舒适性。因此,健康养猪工艺设计中,对躺卧区的环境设计十分重要。如采用地板加温,可以最大限度地降低仔猪白痢;冬季,良好的地面隔热设计可减少猪的传导失热,有利于猪的增重和提高饲料利用效率;炎热季节为成年母猪提供降温地板、降温猪床,或提供浅水池、淋浴设施,可以有效缓解猪的热应激,提高母猪的繁殖性能、增加活仔数。猪的皮肤感觉灵敏,气流与皮肤之间的摩擦会使猪感觉不适,因此,即使采用漏缝地板或网上饲养的,也应将躺卧区地面设计成实体地面,或在躺卧区域铺设垫草、橡胶垫等。

3. 利用福利性设施避免环境的单调,减少异常行为发生

如在舍内提供垫草,可减少群养空怀母猪的争斗、咬尾等行为,提高育肥猪的生长率;为断奶仔猪提供橡胶软管、铁链、音乐球、金属挂件等玩具,可明显降低混群时争斗行为的发生频率,通常,越容易被毁坏的材料对猪的吸引力越大。

4. 定点排泄行为的利用

利用猪喜欢在低湿角落里排泄的行为规律,把猪圈划分为休息区和排泄区,排泄区略低于休息区,并把饮水器设在其中,诱使猪只在该区排便。相邻各圈的排泄区又能临时贯通起来形成清粪通道,便于实行机械清粪作业。

总之,健康养猪工艺应充分考虑猪的生物学特性和行为需求,避免舍饲饲养条件下猪异常行为的产生,应将动物福利贯彻于工艺设计中。表2.2很好地总结了能体现健康养猪的几种生产工艺模式。[32]可以看出,这些工艺模式具有以下共同特点:①饲养方式和日常管理中均很好地利用了猪的行为习性;②改传统限位定位饲养为舍饲散养方式,给猪提供更多的自由活动空间,并尽量为猪提供丰富的饲养环境,如垫草、玩具或可变的环境等,以减少猪的异常行为出现;③需由具有丰富知识和经验的人员从事饲养管理;④人性化设计。

2.3 养猪环境与健康生产

2.3.1 健康养猪对猪舍环境的要求

虽然猪对环境有一定的适应能力,但不良环境所造成的应激会给养猪生产带来不利影响,因此,生产中为猪创造适宜环境是很有必要的。舍饲饲养条件下,舍内热环境对猪的健康和生产影响最大。猪对温度的要求随生理时期、性别、年龄等而不同,"大猪怕热、小猪怕冷"。此外,光环境、饲养工艺、日常管理以及猪的群居环境和生活空间环境对猪的健康和生产也有影响。由于各种环境因素是经常变化的,且各因素对猪的影响往往不是单一的。生产中若将各因素均控制在"适宜"范围内,不仅技术上难度很大,经济上也不可行。因此,在满足猪环境需求时,应加以综合考虑。表2.3从温度、湿度、通风、采光、空气质量以及生活空间等方面的环境要求进行了归纳。

2.3.2 健康养猪的空间需求

猪对空间的需求包括休息区、活动区、交流区3个部分。供猪躺卧、站立的休息区面积可根据公式2.1计算:

$$A = k \times W^{0.666}$$

(2.1)

式中:A 为面积,m^2;W 为猪的体重,kg;k 为不同姿势需要的面积系数,m^2/kg,站立、俯卧、侧卧时分别为0.02、0.02、0.05,为避免打架需要的空间面积系数为0.11。在实际饲养面积配置时,可根据同时饲养的猪头数来计算,其中的活动空间应将采食、排泄区等综合加以考虑。[33]

不同饲养模式下,每头猪占有的饲养面积可以是相同的,但实际可享受的生活空间会有很大区别。与限位栏相比,母猪群养能获得更多的空间需求。包括独立于群养规模外的动物个体体型大小所需要的空间,与群养规模有关的动物共享的行为空间。随着欧盟2013年

表 2.2 体现健康养殖的猪舍饲养方式特征描述

工艺模式	特 征 描 述	生产性能	饲养操作要求
Thorstensson 模式	分娩母猪采用大群垫草饲养,每个圈栏15头。分娩前,母猪各自选择猪窝躺卧,且从圈栏中间衔草在窝内进行"筑巢"准备产仔。每个猪窝进出门底下安装滚筒,保护母猪乳房进出不受伤害。仔猪5周后,母猪从分娩栏内转群,仔猪断奶后一直待在分娩栏内直到育肥出售。饲养完一轮以后,圈栏内垫草被清除,然后消毒,搬进新的垫草以迎接下一批母猪。粪便/垫草的混合物可还田	每头母猪每年可生产21.5头仔猪	具备良好的饲养管理技术,懂得猪的行为习性
Andersson 模式	空怀妊娠母猪、怀孕小母猪和公猪可在怀孕和分娩舍自由行走,进行社交活动,而其仔猪待在其分娩栏内直到断奶。采用计算机控制的饲料运送系统,带有两个饲喂站,允许母猪在任何时间采食,但一天的采食量不能超过个体的最大供食量。母猪的发情发生于哺乳期,一般在分娩后第21天。由于公猪一直与母猪混养,可随时配种	母猪在哺乳期内的发情率约为43%;母猪每年平均可产断奶仔猪数为26.4头	具备丰富的饲养管理知识和技术;懂得猪的行为习性
母猪控制模式	一种新的改进饲养方式,母猪可以自由地离开仔猪活动区域,到单独的隔离区域内,类似于 Andersson 模式中的分娩母猪饲养方式。母猪可实现远离仔猪的强烈愿望,还可与其他母猪进行社会交流。仔猪可减少断奶初期生长停止和缓解争斗程度	缩短返情时间和减少母猪哺乳期体重的下降	检查母猪躺卧行为,减少仔猪被压的可能性
多窝仔猪混养母猪控制模式	在母猪控制饲养方式上加以改善,也为仔猪提供公共的生活区域,即母猪和仔猪分别混养;母猪可远离仔猪减少不必要的哺乳,还增加参加与其他母猪的社会交流机会;仔猪则可减少断奶时体重急剧下降和缓解激烈的争斗现象,特别有利于断奶后仔猪采用大群饲养情况	缩短返情时间和减少母猪哺乳期体重;减少仔猪断奶后体重损失	加强饲养管理措施,使仔猪对母猪的乳头形成固定吃奶次序
厚垫草舍饲散养模式	群养系统,通常圈栏内饲养母猪30~40头,采用厚垫草饲养,并为母猪提供单独的饲喂栏,以减少采食争斗;仔猪断奶后转入另一厚垫草畜舍进行饲养	减少母猪蹄病;减少仔猪的异常行为	每天照料和检查母猪情况
Nürtingen 暖床饲养模式	根据猪的行为习性而设计的群养系统。提供暖床供其躺卧以改善躺卧区的局部环境;提供干湿"自拌"料箱、夏季降温的开关淋浴系统,满足磨牙生理要求的磨牙链、拱癣槽及蹭痒用的蹭痒架等;在功能分区上设计适于猪群定点排粪的可以自行出入的"猪厕所"	育成育肥全程料肉比达到(2.7~2.5):1,育肥猪达到90~100 kg的日龄为150 d	每天检查猪群,对猪进行适当调教,使之形成良好的排粪行为

表 2.3 猪舍环境参数要求

环境参数		猪舍种类									
		空怀、妊娠前期母猪	种公猪	妊娠母猪	哺乳母猪	哺乳仔猪	断奶仔猪	后备猪	育成猪	育肥猪
温度①/℃		14~16	14~16	16~20	16~18	30~32	20~24	15~18	14~20	12~18
湿度/%		60~85	60~85	60~80	60~80	60~80	60~80	60~80	60~85	60~85
换气量/[m^3/(h·kg)]	冬季	0.35	0.45	0.35	0.35	0.35	0.35	0.45	0.35	0.35
	春、秋季	0.45	0.60	0.45	0.45	0.45	0.45	0.55	0.45	0.45
	夏季	0.60	0.70	0.60	0.60	0.60	0.60	0.65	0.60	0.60
风速/(m/s)	冬季	0.30	0.20	0.20	0.15	0.15	0.20	0.30	0.20	0.20
	春、秋季	0.30	0.20	0.20	0.15	0.15	0.20	0.30	0.20	0.20
	夏季	≤1.00	≤1.00	≤1.00	≤1.00	≤1.00	≤1.00	≤1.00	≤1.00	≤1.00
采光系数(窗地比)		1/10~1/12	1/10~1/12	1/10~1/12	1/10~1/12	1/10~1/12	1/10	1/10	1/15~1/20	1/15~1/20
光照度②/lx		75(30)	75(30)	75(30)	75(30)	75(30)	75(30)	75(30)	50(20)	50(20)
噪声/dB		≤70	≤70	≤70	≤70	≤70	≤70	≤70	≤70	≤70
细菌总数/(万/m^3)		10	6	6	5	5	5	5	8	8
有害气体浓度/(mg/m^3)	CO_2	4 000	4 000	4 000	4 000	4 000	4 000	4 000	4 000	4 000
	NH_3	20	20	20	15	15	20	20	20	20
	H_2S	10	10	10	10	10	10	10	10	10
栏圈面积/(m^2/头)		2~2.5	6~9	2.5~3	4~4.5	0.6~0.9	0.3~0.4	0.8~1.0	0.8~1.0	0.8~1.0

①哺乳仔猪的温度应为:第1周30~32℃;第2周26~30℃;第3周24~26℃;第4周22~24℃。除哺乳仔猪外,其他猪舍夏季温度不应超过25℃。②人工照明的光照度,括号外数值为荧光灯,括号内为白炽灯。

全面禁止妊娠母猪限位栏饲养法规(directive 2001/88/CE)的实施,妊娠母猪今后将主要采用群养方式。欧盟除了禁止采用母猪限位栏饲养外,对母猪的饲养面积也作了相应的规定:母猪和后备母猪的法定面积分别不得少于 2.25 m²/头和 1.64 m²/头,若猪群少于 6 头,法定面积应当相应增加 10%;当多于 40 头时,则法定面积可减少 10%。[34]同样,在断奶仔猪、生长育肥猪饲养过程中,猪群规模大小不同,每头猪所生活的空间会有很大差异,因而有可能对猪的正常行为表达产生本质影响。

2.3.3　健康养猪的水质环境

养猪生产过程中,饲料的清洗与调制、猪舍及设备的清洗与消毒、猪体清洁以及小气候环境改善等都需要大量的水。对猪而言,水的需要比其他营养物质的需要更为重要。缺水或长期饮水不足,猪的健康会受到损害。当体内水分减少到 8% 时,会出现严重的干渴、食欲丧失、消化作用减缓等症状,并因黏膜的干燥而降低对传染病的抵抗力。长期缺水会使血液变得黏稠,仔猪生长发育迟缓。[35]因此,没有充足的水源或水质达不到卫生标准,养猪生产就不能正常进行,猪的健康、生长发育和生产性能得不到保证。加强猪场水源管理,满足用水需求是十分必要的。

除满足需水要求和水质卫生要求外,饮用水的温度对猪的健康也有很大影响,特别是对于仔猪,由于其胃肠功能发育还不完善,饮用冷水很易引起冷应激。研究表明,冬、春寒冷季节,有利于提高断奶仔猪的日增重,降低腹泻率,饮用水温度 26℃ 对猪最为合适。[36]即使是大猪,或者温度较高的其他季节,适宜的饮水温度对猪的健康和生产性能也都是有益的。

2.3.4　环境改变对健康的影响

1. 分娩与初生仔猪的健康

对于初生仔猪来说,分娩过程是一个环境剧变的过程,养猪生产中的很多伤亡事故都发生在这一阶段,如冻死、冻伤、压死、病死等。分娩后 1 周的环境管理至关重要。为了降低仔猪在这 1 周内的死伤率,应做好以下几项工作:①妥善接产及保暖防潮。②让初生仔猪及时吃上初乳,以增强抗病能力。③固定奶头,这是减少初生仔猪死亡和提高仔猪群均匀度的重要措施。④及时补铁、补硒,防止缺硒和贫血。⑤恢复母猪体况,防止产后感染。

2. 断奶与仔猪的健康

哺乳仔猪饲养至 28 日龄左右进行断奶。对断奶仔猪而言,断奶后 1 周是应激最严重的时期。主要发生的环境改变包括:进口的食物由液态的奶变成固态的饲料,与母猪分离,母源抗体停止供应,同时还会引起舍温降低。以上的每一种应激都会对仔猪产生非常不利的影响,并成为其发病的诱因。减少应激是帮助仔猪顺利断奶的关键,舒适的环境条件和优质的饲料是仔猪断奶成功的保证。

3. 转群与猪的健康

新的饲养环境会引起猪生理和心理上的不适应,抗病力也会有所降低。同时,猪到一个新环境后,吃、拉、睡三点定位一般在转群后 1 周内完成,活动量比正常状态下高出很多,机体需要消耗大量的能量。为让猪实现顺利的转群,应做到:①使转群前的环境温度和新环境的温度接近。②先用原来的饲料饲喂一段时间,待猪群状况稳定后再逐渐换料。③加强药物预防,防止病菌乘机侵入。④转群时,有时需要将不同圈的猪混群,经常会出现打斗现象,所以对一些应激反应较大的品种,必须时刻注意防范。

4. 温度骤变对猪健康的影响

日常生产中,气候突变、环境管理不当会对猪产生过热、过冷应激,影响猪的健康。通风是猪舍环境调控中最主要的技术措施,它可以有效调节舍内温度、湿度,减少粉尘,降低有害气体浓度。对于开放式猪舍,主要依靠自然通风,一般不会造成舍内温度骤升或骤减。但对于密闭式猪舍,通风调控措施不当有时会造成环境温度的骤变。如 20 世纪 80 年代中期以后,我国很多猪场将湿帘—风机纵向通风降温系统引入密闭式猪舍,对缓解夏季热应激、保证夏季母猪正常繁殖起到了很好的作用。但该系统在夏季应用中普遍存在降温速度过快问题。以北京为例,其最大降温幅度可以达到 7℃ 以上。[37] 由于这种显著的降温效果是在湿帘供水系统开启后的极短时间内(一般 10～20 min)实现的(图 2.1),对于猪而言,易产生过冷应激,导致感冒、咳嗽等呼吸道疾病的发生,对猪群健康极为不利,甚至会影响生产性能。

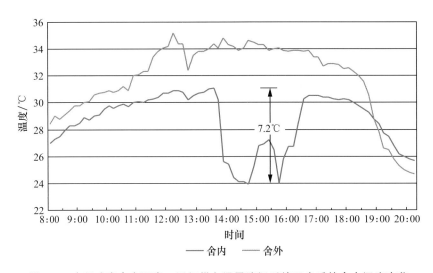

图 2.1 密闭式畜舍在湿帘—风机纵向通风降温系统开启后的舍内温度变化

2.4 舍饲散养健康养猪生产工艺模式的建立

为更好地适应世界养猪业的发展要求,推进我国养猪产业的健康和可持续发展,需要从养猪生产工艺模式着手,通过合理的生产工艺和相关配套技术,来提高资源利用率、减少粪污排放量、降低运行成本和能耗,协调好猪、环境与人之间的关系,以保障猪肉产品质量和安全,提高其国际竞争力。"九五"、"十五"期间,中国农业大学有关科研人员,以养殖工艺为主线,以满足猪的行为与生理需求为出发点,研究提出了一套适于中国国情的猪舍饲散养健康养猪生产工艺模式,并进行配套设施装备硬件技术的开发,为现代养猪提供了一种全新的工艺模式。

2.4.1 舍饲散养健康养猪生产工艺模式的特点

舍饲散养健康清洁生产工艺充分考虑了中国自然资源相对短缺的条件,"以猪为本",结合猪的生物学特点与行为习性,采用舍内散养方式,使猪有较充分的活动自由,以利于增强猪的抵抗力,减少用药,提高猪群健康水平和猪肉品质。其主要特点有:

1. 采用舍饲散养方式,配置合理的功能区域

利用猪的定点排粪行为和相关正常行为,以及猪的环境生理需求,在圈舍内通过合理配置暖床、食槽、饮水器、猪厕所、玩具等设施,在舍内形成躺卧区、采食区、饮水区、排泄区、活动区等功能区域,实现猪群的自我管理,保障清洁生产。

2. 组建和谐的猪群单元,形成猪的"社区"——"猪村"

在保育、生长育肥阶段以及妊娠或空怀母猪中,采取大群饲养方式。与单养或小群饲养相比,在同样的饲养密度下,每个个体较仍可获得更大范围的活动面积,为增加猪只运动量、提高健康水平提供了良好的条件。

3. 福利性设施的利用

从动物福利角度配置满足行为需要的相关福利性设施,以改善舍内的饲养环境,使其能随心所欲地在圈栏内活动嬉戏,最大可能地减少异常行为的发生,避免争斗带来的伤害和应激,提高猪只的健康水平和生产性能。

4. 局部环境调控

基于猪不同部位对温度的不同要求而设计的暖床,不但可以为猪提供舒适、安静、安全的躺卧环境,而且将现有其他生产工艺中的整舍环境控制改为局部环境调控,从而更有利于节能,降低运行成本和猪舍建筑造价。

2.4.2 健康养猪工艺模式解决的关键问题

舍饲散养健康养猪清洁生产工艺是一种根据猪本身的生物学特点和行为习性提出的新型饲养工艺,在关键技术研究及其相关设备开发时,需要解决3个层面的关键技术问题:一是以满足猪群的生理、行为、环境要求为目标的技术,通过对舍内合理的功能区域配置,为猪提供较大的活动空间和必要的"玩具",促进猪只与环境之间的协调和谐。二是利用猪自身行为学特点的工程技术,研究开发适于清洁生产的干清粪技术及其清粪设施设备。三是满足不同阶段猪群需要的局部环境温度调控技术,降低生产过程能耗。

2.4.3 健康养猪工艺模式的核心技术

1. 满足机体不同部位温度需求的局部控温技术

作为舍饲散养新工艺的技术核心部分——暖床,是将供猪群卧睡的保温箱,根据猪的呼吸、头颈、躯体不同部位所需适宜温度的不同设计的。据研究,猪对温度的要求不是一个恒定值,它的身体不同部位对温度有不同的要求,躯体要求高,以 30℃ 为宜,头颈部则要低温,10～15℃ 适宜,而鼻子部位呼吸要求清新而凉爽(5℃)的空气。该暖床的前侧壁用 PVC 塑料双层条形软门帘做成,暖床外壳的其他各面用良好的保温材料制成。暖床尺寸按照不同阶段猪的体尺确定,一般哺乳期仔猪每窝提供 1 个,保育期每个暖床提供 5 头猪只躺卧位置。猪可以自由进出和选择躯体躺卧于床内。躺卧时,猪头部朝外,鼻端露于帘外,可保证呼吸到新鲜的空气;躯体留在床内。根据"大猪怕热、小猪怕冷"的特点,对于所有的大猪,床内只需利用猪体自身散热和暖床的保温性能,即可维持猪体小范围的热环境,而哺乳仔猪、断奶仔猪则需在床内配置额外的加热设备。由于猪没有汗腺,床内相对湿度不会超过 30%,加之暖床内部→挂帘处→挂帘外侧能自然形成一定的温度梯度,可满足猪体不同部位的温度需要,因而暖床系统构成了一个适宜猪生长的小气候环境。由于猪一生中 80% 的时间处于躺卧休息状态,保持适宜的躺卧区环境温度,对猪只健康和生产潜能的发挥至关重要。[38]另外,通过暖床内加热设备的合理配置,可对其散发的热量进行梯度利用,从而使舍内温度维持在较高的水平(如华北地区在舍外 -9℃ 下,舍温维持在 10℃ 左右),从而无需再对整个猪舍加温。研究结果表明,大部分北方地区采用暖床后,猪舍的冬季设计温度可降至 10℃,因建筑保温要求降低而使得猪舍建筑造价降低 5%～10%,同时减少冬季供暖运行费用 10%～20%,总体节能可达到 20% 以上。

此外,可以根据猪的不同生长阶段选用其他局部降温技术,如利用调温地板以及喷淋装置,对母猪、生长育成猪、育肥猪等进行夏季降温。调温地板利用地下水水温恒定且相对较低(15℃),将其作为热传导介质,通过特殊设计的循环系统,使猪颈部躺卧区域的温度始终维持在 20℃ 左右。[39,40]结合猪爱清洁的特点,在每个圈栏中配置了喷淋系统,促进猪体的蒸发散热,以减小高温季节热应激的影响。

2. 利用猪的正常行为改善饲养环境的技术

空间不足和饲养环境贫瘠容易产生心理压抑,以及咬尾、咬栅栏、空嚼、过度修饰、异食癖、刻板行为、自我摧残等异常行为,导致动物的生理、行为与环境之间的不和谐影响猪的生产性能和对疾病的抵抗力,在圈栏的玩耍区配置了可供正常行为表达的福利性设施,以满足其蹭痒、啃咬、修饰、玩耍、娱乐等行为需要(图 2.2)。[41]如利用木棍、铁棍、毛刷等制成蹭痒架,满足猪体表护理和蹭痒的要求,利用稻草、草棍槽、泥土、沙槽、木屑、蘑菇培养土等,满足拱土、探究及咀嚼行为等的需要,利用铁链条、橡胶管、粗麻绳、橡皮条、细铁棍等,满足磨牙、啃咬等行为的需要,也可利用玩具球、沙袋、自制音乐盒等,满足娱乐、追逐、嬉戏等需要。从而有利于猪的自然天性行为的表达,减少其异常行为的发生和由此而带来的各种应激反应,以促进猪只健康和生产性能的表现,改善肉质。

a. 蹭痒架与磨牙链

b. 不同类型的磨牙链

图 2.2 圈舍内配置的简易福利性设施

3. 基于清洁生产的干清粪技术

（1）猪厕所：根据猪"定点排粪"的习性，舍饲散养工艺模式中为猪设置了"猪厕所"（图2.3）。考虑到我国是缺水较为严重的国家，为节约水资源，采用了干清粪方式。虽然干清粪工艺需要增加一定的工作量，但非常节水，且可大大减少粪污量，减轻了后期粪污处理的难度。与采用传统工艺的猪场相比，即使都采用干清粪工艺，但因猪厕所位置固定，粪便集中，在一定程度上减轻了饲养员的劳动强度，有利于清洁生产的实

图 2.3 猪厕所

施。这种猪厕所可以根据猪舍的实际情况，设在室内的污道侧，也可以通过适当的调教，设在舍外。

（2）微缝地板及其配套清粪工具：目前，我国很多猪场采用的人工干清粪技术虽然可有效地降低用水量和污水的产生，但普遍存在着清粪工作量大、粪便不易清除、清粪不彻底、污水中仍含有很多残留的粪便等问题。舍饲散养生产工艺中专门开发了基于微缝地板及其配套清粪工具的干清粪专利技术（图2.4）。它是将漏缝地板的缝隙宽度降低到 10 mm以下，可以让尿液、水直接漏下，猪粪全部保留在地板上，从而在保持床面干燥的同时，实现了粪尿的彻底分离。针对微缝地板的特殊工艺，设计了一侧齐平一侧带梳状刺的清粪耙，可顺着板条方向清理缝隙中的残留粪便。此外，也可以利用特制的自动刮板清粪系统进行机械清粪作业。在实际生产中，还可利用猪定点排粪的习性，仅在"猪厕所"或污道侧局部铺设漏缝地板，这样，不仅可以缩小清粪作业面积，使生产污水进一步减量，利于保持舍内清洁卫生和干燥；而且，圈栏内其他部分都采用实体地面，更符合猪的生理需求。由于微缝地板的缝隙很小，能以一种尺寸饲养不同阶段的猪群，对猪蹄不产生任何伤害，也减少了模具制作成本。已经开发的微缝地板产品可用混凝土材料制作而成，比目前国内市场上应用最普遍的金属或塑料漏缝地板具有更长的使用寿命和更低的价格优势。

a. 猪在微缝地板上活动　　　　　　　b. 与微缝地板配套的清粪耙

图 2.4　微缝地板及其清粪工具

2.5　健康养猪的生物安全与工程防疫要求

2.5.1　健康养猪的生物安全要求

生物安全是为保证猪健康安全而采取的一系列疫病综合防制措施,是最经济、有效的疫病控制手段,是疫病预防程序中重要的环节。满足健康养猪的生物安全措施包括:①采用"全进全出"制,以方便对猪舍进行彻底的清洗与消毒,减少细菌或病毒的遗留引起的疾病传播。②严格限制人员、动物和运输工具的流动和进入猪场,防止交叉感染。③控制猪场内的鼠、猫等动物,减少以动物为媒介的疾病传播。④对发病和死亡的猪只,应进行严格的处理,防止疫病扩散;对引进的猪只要进行严格的健康检查和隔离,杜绝将患病或隐形感染的猪引入场内。⑤制定科学合理的免疫程序,并严格执行免疫程序,坚持预防为主,尽量不滥用药物。⑥定期进行疾病检测和日常消毒工作。⑦加强场区环境质量、疫情动态监测,及时了解猪场的环境状况和疫病动态,做到心中有数。

2.5.2　健康养猪工程防疫技术体系

工程防疫是指以工程措施来阻隔、切断致病性微生物侵袭动物的途径,防范交叉感染,为畜禽生产创造有利于防疫和净化场区环境卫生的工程技术设施、装备和方法。猪场的工程防疫技术体系包括场址选择、场区规划和建筑物布局、畜禽场功能分区、建筑物布置、道路设置、隔离间距、场区工程防疫设施配置、畜禽舍内工程防疫配套措施、畜禽场废弃物处理设施配置,以及利于防疫的生产工艺、工艺流程、消毒、卫生制度等饲养管理等方面的内容。目前,我国已开展了"畜禽场安全生产工程防疫技术规范"国家标准的制定工作。该标准从安全防疫和清洁生产出发,对畜禽场选址、规划、布局、设计和建造,生产工艺及配套设施设备,清洗、消毒等设施设备,人员、物流、车辆管理,通风、饲料、供水安全,粪便、病畜、尸体处理,安全距离、隔离措施等与防疫相关的工程系统,以及畜禽场在有利于疾病防疫与控制、实现安全生产中应遵循的准则等进行了规定,这对帮助我国规模猪场利用工程技术手段建立长效的防疫技术体系,保证猪场的生物安全和猪群健康,降低病原传入风险具有重要的指导意义。

第3章

母猪精确饲喂舍饲散养工艺模式

3.1 现行母猪养殖工艺模式存在的问题分析

母猪生产是整个养猪生产的关键,母猪生存环境、饲养状况和养殖工艺的好坏,直接影响母猪生产性能的发挥。现代养猪生产中,"母猪舍饲"是规模猪场节省母猪饲养空间的唯一手段,也是目前采用最多的饲养模式。母猪舍饲主要有"圈栏小群饲养"和"定位饲养"(或叫限位栏单饲)两种典型模式。虽然这两种模式在占地、精细化管理和设备利用效率等方面具有较大的优势,但还存在很多问题亟待解决,主要有:

①采用定位饲养工艺的母猪,面积相对较小,不符合母猪的生物学特性和生理特点,母猪无法正常活动,容易引起肢蹄病、发情不明显以及较低的抗病能力,母猪的淘汰率高,使用年限短。

②圈栏小群饲养母猪,不易对母猪进行精确饲喂,强弱争食现象普遍,容易造成母猪过胖或过瘦,影响母猪的健康和生产性能。

③定位饲养不能为母猪提供群居环境,无法选择生活空间,不能进行正常的社会交往,容易产生神经官能症、刻板和规癖等异常行为,影响母猪的心理、生理健康。圈栏小群饲养的母猪虽有一定的社会交往,但由于圈栏面积不能完全满足自由选择生活空间的需要,容易发生争斗和撕咬,导致母猪损伤及早期妊娠母猪流产。

随着欧盟 2013 年全面禁止妊娠母猪限位栏饲养法规(directive 2001/88/CE)的实施,妊娠母猪今后将主要采用群养方式。近年来,国外对有关母猪养殖工艺模式进行了很多的探索,形成了多种母猪饲养模式,这对提高母猪福利水平,更好地发挥母猪生产潜能起到了很好的作用。与国外相比,我国的母猪生产水平较低,与国外有明显差距,发达国家母猪年均提供断奶仔猪数达到 22 头,高水平猪场高达 25 头以上。而我国规模猪场母猪年均提供断奶仔猪为 18 头,全国平均仅为 14.6 头。因此,需要通过母猪养殖工艺模式的创新,来提升我国养猪生产水平,进一步挖掘母猪生产潜力。

3.2 母猪精确饲养工艺模式设计

3.2.1 设计思路

针对目前规模化养猪场传统饲养方式存在的问题,将"母猪舍饲"与利于母猪生产潜力充分发挥的"群体散养"有机结合,从动物福利的角度出发,对饲养区域进行合理的功能分区。利用现代信息技术,对每个个体进行定时、定位、定量的饲喂以及配种、转群、疫苗接种、防治注射等饲养管理活动的自动化、精确化和个性化管理,形成一套完整的母猪精确饲喂舍饲散养工艺模式。从而保障母猪拥有充足、自由的生活空间和环境,通过精确化饲养管理,避免传统饲养模式下母猪过度采食或饲喂不足,影响母猪的繁殖性能,实现舍饲散养每头母猪的生产性能的充分发挥以及贡献最大化。

3.2.2 工艺特点

1. 母猪"大群散养"

母猪群体大小可根据生产工艺和生产节律要求确定,饲养单元群体规模 30～300 头。通过"大群散养",为母猪提供充足而自由的活动空间,增加母猪的运动量,方便各个体之间的社交活动和学习行为,减少肢蹄病、繁殖性疾病的发生,利于生产潜能的表现。

2. 饲养单元内根据功能需求进行分区

按照母猪的生理、行为和环境需求,结合生产管理和操作的需要,对整个饲养单元分为躺卧休息区、自由活动区、采食区、特殊处理区、试情公猪区、饮水排泄区、舍外活动区及出舍通道等 8 个功能区。

3. 母猪的精确化饲养管理

基于 RFID 技术,采用 PC 机为管理平台,通过自动的饲喂控制、生理状态及特殊处理判定等,来实现对舍饲散养母猪的全方位、全天候的精确饲喂管理。避免母猪采食过量或不足,提高饲喂效率。

3.2.3 母猪精确饲喂舍饲散养工艺的核心技术

1. 饲养单元功能区设计

(1) 单元平面规格

$$13.0 \text{ m} \times 10.0 \text{ m} = 130.0 \text{ m}^2$$

(2) 单元饲养规模　每个单元饲养规模为 50 头母猪,平均占用面积 2.6 m^2/头。

（3）单元内功能分区(图 3.1)

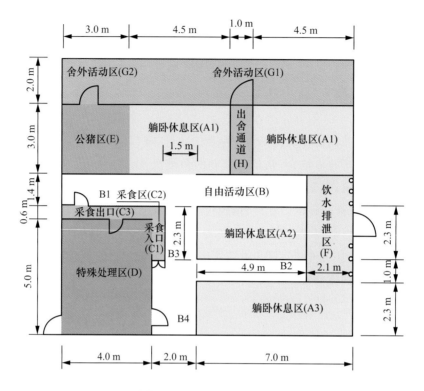

图 3.1　母猪精确饲喂散养工艺饲养单元的功能分区

- 躺卧休息区(A)：用于猪只的躺卧休息。分 4 个小单元，分布在单元内不同位置；总面积 54.4 m²，平均 1.1 m²/头。A1：2 个小单元，尺寸 4.5 m×3.0 m；A2：1 个小单元，尺寸 4.9 m×2.3 m；A3：1 个小单元，尺寸 7.0 m×2.3 m。

- 自由活动区(B)：用于猪只的自由活动。在单元内设 B1～B4 4 个小区域；总面积 28.7 m²，平均 0.6 m²/头。4 个小区域的尺寸分别为 B1：10.9 m×1.4 m，B2：4.9 m×1.0 m，B3：2.4 m×1.4 m，B4：3.2 m×2.0 m。

- 采食控制区(C)：用于猪只的采食。由采食区入口通道(C1)、采食区(C2)和采食区出口通道(C3)3 部分组成，其中：入口通道(C1)，规格 1.8 m×0.6 m，1 个，区域内布有 4 个红外线监控装置，用于控制门禁系统；采食区(C2)，规格 0.6 m×0.6 m，1 个，布有识别器和自动喂料控制装置，用于个体信息识别和控制母猪个体的准确喂料；出口通道(C3)，规格 4.0 m×0.6 m，1 个，布有自动喷墨标记装置及自动分离器，便于每个个体的特殊处理管理（移舍、疫苗接种、防治注射、配种等）；并布有正常出口和特殊处理出口，便于猪群的准确化管理。

- 特殊处理区(D)：猪只的临时特殊处理的暂停场所。规格 4.0 m×5.0 m，1 个。有 1 个入口；2 个出口，分别用于临时处理猪只返大群出口和转舍出口。

- 公猪区(E)：用于饲养诱情公猪的场所。规格 3.0 m×3.0 m，1 个。

- 饮水排泄区(F)：用于猪只的饮水和排粪、排尿。规格 2.1 m×4.7 m，1 个。区域内布有 6 个鸭嘴式自动饮水系统和 1 个 0.8 m×1.5 m 的出粪门。

- 舍外运动区(G):依据猪舍的位置情况来决定规格。
- 出舍活动通道(H):猪只从舍内到舍外的来去通道,3.0 m×1.0 m 规格的 1 个。

(4) 单元设计的其他参数

- 外围墙高度:2.6 m。
- 采光窗户:①距地面高度 0.9 m;②向阳面窗户规格宽 1.5 m×高 1.2 m;③背阴面窗户规格宽 1.2 m×高 1.1 m。
- 舍内外相同用门规格:宽 1.1 m×高 0.9 m。
- 排泄区地面坡度:1.5%。
- 屋顶建议结构:土烧制瓦或保温彩钢结构。

2. 智能化识别控制管理系统

(1) 控制管理系统结构:由存储猪只个体信息的电子耳标、自动门禁系统、自动识别系统、自动饲喂系统、母猪发情检测系统、控制系统及管理软件系统组成。

(2) 管理控制系统工艺流程:图 3.2 反映该系统的信息传递过程。即对本饲养系统中的每个母猪,佩戴存有该母猪个体的档案信息电子耳标。母猪进入自动饲喂器(图 3.3)时,通过无线射频技术自动识别该母猪,根据识别信息(耳号、体重、妊娠期等)决定投料量,吃完料后,母猪进入分离器,进行体温指标、每天采食量、探望公猪次数、妊娠时间、疫苗接种情况等识别,将病猪、发情母猪、需接种母猪、需上产床母猪等分离,分别进入相应的功能区进行处置。

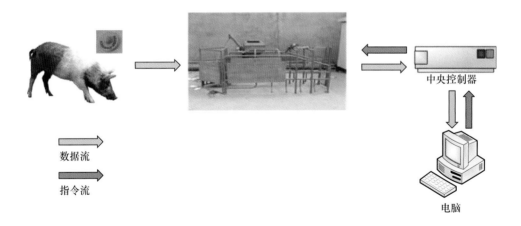

中央控制器

数据流

指令流

电脑

图 3.2 智能化识别管理系统信息传递示意图

(3) 系统基本功能:可实现对母猪个性化的限料饲喂、发情鉴定、发病鉴别、预防接种等的全天候实时监控,及时跟踪、处理生产中出现的各种情况。

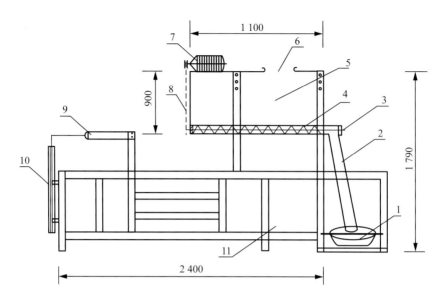

图 3.3　自动饲喂系统平面图

1. 料盆　2. 下料管　3. 轴承　4. 螺旋输送器　5. 料仓　6. 加料口

7. 电机　8. 链条　9. 汽缸　10. 进门　11. 固定读卡器

3.3　母猪精确饲喂舍饲散养工艺的应用效果

为验证母猪精确饲喂舍饲散养工艺的效果,选择山西某养殖专业合作社,就不同饲养方式下初产母猪的繁殖性能、健康状况、活动行为等进行了现场试验研究与测试分析。

3.3.1　材料和方法

1. 试验地点

山西省繁峙县晋峰养殖专业合作社。

2. 试验用猪

品种,长大二元母猪;胎次,初产母猪。

3. 试验方案

(1)试验设计:设计了3种母猪饲养工艺模式,即圈栏小群饲养、单体限位栏、母猪自动喂料系统。即设一个试验组,两个对照组。试验组为自动饲喂组,对照Ⅰ为圈栏小群饲养组,对照Ⅱ为限位栏饲养组。

(2)分组:挑选110头4月龄后备母猪,连续3天早上空腹称重,按照随机配对原则分为3组,其中试验组35头,两个对照组75头。待预试期结束后,每组保留30头。

(3)预试期:将试验组35头后备母猪饲养于安装有自动饲喂管理系统的圈栏中,经过1

周训练,选留 30 头进入正试期。将两个对照组 75 头后备母猪分 15 个小群,每 5 头 1 个圈栏,圈栏面积 10.5 m²,经过 1 周训练,选留 60 头随机分成两组进入对照 Ⅰ 组和对照 Ⅱ 组进行试验。

(4)正试期:将选留下来的母猪按照分组分别饲养至临产前 1 周转入产房。

试验组的 30 头母猪佩戴电子耳标,试验组圈栏面积为 95 m²,外带 84 m² 运动场。将饲养圈舍划分为 6 个区域,每个区域 10.5 m²。

对照 Ⅰ 组选留的 30 头母猪,每 4 头饲养在 10.5 m² 个圈栏中。

对照 Ⅱ 组选留的 30 头母猪,采用限位栏单独饲养,限位栏宽 0.6 m,长 2.1 m。

(5)配种:采用重复配种的方法,在后备母猪第三次发情时进行配种。配种同时对每头猪进行称重。

4. 饲养管理

3 个组都装有自动饮水系统,试验与对照组的饲料一致。

5. 数据统计与处理

将所得数据用 SPSS 软件进行分析。

3.3.2 不同饲养工艺模式对母猪初配体重的影响

从后备母猪 4 月龄饲养至第 3 个发情期进行配种和称重,结果见表 3.1。可以看出,试验开始时,试验组、对照 Ⅰ 组和对照 Ⅱ 组的平均体重无显著性差异($P>0.05$),配种时试验组平均体重较对照 Ⅰ 组、对照 Ⅱ 组分别提高了 15.34 kg、13.26 kg,差异显著($P<0.05$);对照 Ⅰ 组和对照 Ⅱ 组之间差异不显著。此外,试验组体重的变异系数为 9.31%,而对照 Ⅰ 组、对照 Ⅱ 组分别为 22.04%、20.84%($P<0.05$),表明试验组猪群的体重整齐度远好于对照组。

表 3.1 不同饲养工艺模式对配种时体重的影响

组 别	初始重/kg	配种时重/kg	变异系数/%
试验组	75.82±9.36	131.86±12.20[a]	9.31
对照 Ⅰ 组	76.25±8.52	116.52±25.68[b]	22.04
对照 Ⅱ 组	75.36±8.85	118.60±24.72[b]	20.84

注:同列不标注或标注相同小写字母的,表示无显著差异($P>0.05$);标有不同小写字母的,表示有显著差异($P<0.05$)。

3.3.3 不同饲养工艺模式对母猪情期受胎率和分娩率的影响

表 3.2 统计了不同饲养工艺模式对初产母猪受胎、返情和正常分娩的情况。可以看出,试验组母猪情期受胎分娩率、较对照 Ⅰ 组提高 12.00%($P<0.05$),较对照 Ⅱ 组提高 21.74%($P<0.01$);试验组返情率较对照 Ⅰ 组降低 53.44%($P<0.05$),较对照 Ⅱ 组降低

76.70%（$P<0.01$）。

表 3.2　不同饲养工艺模式对初产母猪受胎分娩和返情的影响

组别	配种数/头	怀胎数/头	分娩数/头	受胎分娩率/%	返情数/头	返情率/%
试验组	30	29	28	93.33[Aa]	1	3.45[Aa]
对照Ⅰ组	30	27	25	83.33[b]	2	7.41[b]
对照Ⅱ组	30	27	23	76.67[Bc]	4	14.81[Bc]

注：同列不标注或标注相同小写字母的，表示无显著差异（$P>0.05$）；标有不同小写字母的，表示有显著差异（$P<0.05$）；标有不同大写字母的，表示有极显著差异（$P<0.01$）。

3.3.4　不同饲养工艺模式对母猪产仔性能的影响

由表 3.3 可知，不同饲养工艺模式对母猪产仔性能有很大影响。试验组母猪的窝均总产仔数、活产仔数、仔猪初生窝重、断奶窝重、仔猪育成率以及母猪泌乳量，以及仔猪发育的均匀性均优于对照组，而母猪的平均产程和仔猪死淘率都低于对照组。试验组几乎所有产仔性能指标与对照组之间差异显著或极显著。同时，两个对照组之间也存在显著差异。表明自动饲喂大群饲养模式最有利于母猪产仔性能的表现，其次是小群圈栏饲养模式，限位栏饲养模式的效果最差。

表 3.3　不同饲养工艺模式对初产母猪产仔性能影响

组别	母猪/头	窝均总产仔数/头	产活仔数/头	初生窝重/kg	窝断奶仔猪数/头	断奶窝重/kg	泌乳量/kg	育成率/%	平均产程/h
试验组	28	10.89± 1.72[Aa]	10.35± 1.22[Aa]	17.21± 0.62[Aa]	9.83± 1.83[a]	71.20± 8.92[A]	46.50± 3.31[Aa]	94.98[Aa]	2.35± 0.28[Aa]
对照Ⅰ组	25	10.36± 2.05[b]	9.54± 2.26[b]	14.40± 1.62[b]	8.69± 1.16[b]	61.78± 12.58[B]	37.72± 5.54[b]	91.08[b]	3.86± 0.52[Ab]
对照Ⅱ组	23	9.88± 2.65[Bc]	9.02± 2.86[Bc]	12.35± 1.46[Bc]	8.15± 1.56[b]	60.31± 13.39[B]	33.58± 7.54[Bc]	88.98[Bc]	5.28± 0.58[B]

注：同列不标注或标注相同小写字母的，表示无显著差异（$P>0.05$）；标有不同小写字母的，表示有显著差异（$P<0.05$）；标有不同大写字母的，表示有极显著差异（$P<0.01$）。

3.3.5　不同饲养工艺模式对母猪健康状况的影响

由图 3.4 可知，母猪子宫内膜炎及阴道炎等繁殖性疾病的发病率，试验组为 10.71%，较对照Ⅰ组（36.00%）和对照Ⅱ组（69.56%）分别降低 70.25% 和 84.60%，差异极显著（$P<0.01$）。肢蹄病发病率试验组为 10.0%，较对照Ⅰ组（13.33%）降低 24.98%，差异显著（$P<0.05$），较对照Ⅱ组（20.00%）降低 50%，差异极显著（$P<0.01$）。

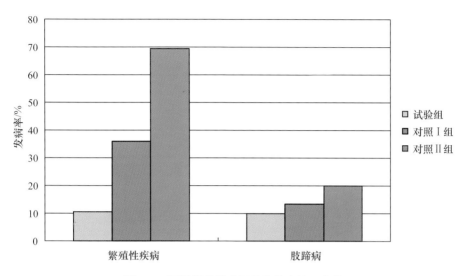

图3.4 不同饲养模式下母猪发病情况变化

图3.5反映了不同饲养模式下哺乳母猪断奶后出现发情的时间上的差异。无论哪种模式，母猪断奶后的发情高峰出现在断奶后4~7 d,采用自动饲喂大群饲养模式时，母猪的产后发情较采用圈栏饲养或限位栏饲养更为集中。产后21 d仍不发情的猪各组之间也有显著的差异，其中以限位栏饲养的对照Ⅱ组最多，达到了13%,而试验组、对照Ⅰ组仅为3%~4%可见，群养可缩短母猪的繁殖周期，提高母猪的繁殖效率。

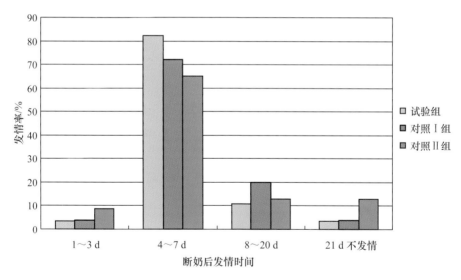

图3.5 不同饲养模式母猪断奶后发情情况

通常，猪场对出现肢蹄病、不发情的母猪需要及时淘汰。因此，试验期间，对不同饲养模式下母猪的淘汰情况进行了统计，见表3.4。可以看出，试验组母猪淘汰率为13.33%,较对照组降低了3个百分点，差异显著($P<0.05$)。

表 3.4　不同饲养方式母猪淘汰情况表

组别	母猪头数 /头	肢蹄病淘汰数 /头	不发情或返情淘汰数 /头	总淘汰数 /头	淘汰率 /%
试验组	30	2	2	4	13.33
对照Ⅰ组	30	2	3	5	16.67
对照Ⅱ组	30	3	2	5	16.67

3.3.6　不同饲养工艺模式对母猪异常行为发生的影响

试验期间,分别就 4 月龄第一周、7 月龄第一周以及配种前一周、临产前一周和分娩后一周母猪在不同饲养工艺模式下异常行为的发生情况进行了观察。各阶段每天白天 8:00~10:00 为一观察时段,连续观察 1 周。

1. 母猪啃栏行为

表 3.5 统计了 3 组母猪啃栏行为表现的试验结果。可以看出,对照Ⅰ组母猪用于啃栏的时间显著高于试验组及对照Ⅱ组;试验组母猪的啃栏时间除配种前一周稍低外,其他阶段均高于对照Ⅱ组,其中,7 月龄第一周和临产前一周有显著性差异,其他时间差异不显著 ($P>0.05$)。

表 3.5　母猪啃栏行为占观察时间百分比　　　　　　　　%

观察时间	试验组	对照Ⅰ组	对照Ⅱ组
4 月龄第一周	1.22 ± 0.30^b	2.18 ± 0.19^a	0.68 ± 0.23^b
7 月龄第一周	1.30 ± 0.27^b	1.78 ± 0.23^a	0.65 ± 0.24^c
配种前一周	0.49 ± 0.32^B	2.31 ± 0.20^A	0.74 ± 0.28^B
临产前一周	1.25 ± 0.29^A	1.66 ± 0.16^A	0.58 ± 0.20^B
哺乳第一周	0.24 ± 0.41^B	2.07 ± 0.29^A	0.22 ± 0.35^B

注:同行标注相同小写字母的,表示无显著差异($P>0.05$);标有不同小写字母的,表示有显著差异($P<0.05$);标有不同大写字母的,表示有极显著差异($P<0.01$)。

2. 母猪无食咀嚼行为

由表 3.6 可知,无论哪种饲养模式,母猪都会出现少量的无食咀嚼行为,但出现这种行为的比例相对较低,三者之间均无显著性差异。

表 3.6　母猪无食咀嚼行为占观察时间百分比　　　　　　　　%

观察时间	试验组	对照Ⅰ组	对照Ⅱ组
4 月龄第一周	0.18 ± 0.11	0.26 ± 1.18	0.58 ± 1.44
7 月龄第一周	0.24 ± 0.59	0.37 ± 1.26	0.41 ± 1.57
配种前第一周	0.22 ± 0.40	0.34 ± 1.25	0.36 ± 0.98
临产前第一周	0.33 ± 0.37	0.35 ± 1.20	0.23 ± 0.37
哺乳第一周	0.41 ± 0.77	0.34 ± 0.86	1.59 ± 1.25

3. 占槽行为

由表3.7可知,对照Ⅰ组母猪用于针对饲槽的行为时间较试验组及对照Ⅱ组多,且差异显著($P < 0.05$)。试验组母猪的占槽时间与对照Ⅱ组无显著差异($P > 0.05$)。

表 3.7　母猪占槽行为占观察时间百分比　　　　　　　　　　%

观察时间	试验组	对照Ⅰ组	对照Ⅱ组
4月龄第一周	3.08±1.45[b]	7.63±0.82[a]	2.09±0.71[b]
7月龄第一周	2.96±1.59[b]	10.15±0.81[a]	3.38±0.95[b]
配种前第一周	3.15±1.16[b]	10.31±1.17[a]	3.69±0.85[b]
产前第一周	3.24±1.46[b]	9.49±0.76[a]	2.19±0.83[b]
哺乳第一周	5.07±1.59[b]	10.31±0.68[a]	3.83±0.95[b]

注:同行标注相同小写字母的,表示无显著差异($P > 0.05$);标有不同小写字母的,表示有显著差异($P < 0.05$)。

采用母猪精确饲喂舍饲散养工艺模式,母猪的受胎分娩率、窝产仔数、活仔数、初生重、泌乳量、窝断奶数和断奶窝重等繁殖性能指标均高于小群圈养和定位饲养系统,返情率、子宫内膜炎及阴道炎、肢蹄病发生率、断奶21 d不发情数量明显降低。系统既保障了母猪充足的运动空间,利于母猪的自由运动,使母猪的骨骼与肌肉发育同步进行,四肢健壮,肢蹄病减少,增强了母猪的体质;同时,良好的群居环境,明显减少了母猪的啃栏、占槽等异常行为,利于母猪的心理和行为健康,从而使母猪的遗传潜力能够得到更好的发挥。

第**4**章

妊娠母猪小群饲养工艺与局部环境
温度控制技术

第 3 章中已经提及,不同饲养工艺模式对母猪生长发育、繁殖性能、健康状况及仔猪后期的生长发育都有很大影响。因此,选择良好的工艺模式对发挥母猪生产潜力十分重要。考虑到目前生产中,采用基于大群饲养与完全自动饲喂工艺的母猪精确舍饲散养工艺还不是十分普遍,因此,本章对妊娠母猪的另一种饲养工艺模式,即小群饲养工艺模式的技术特点以及与之配套的局部环境控制模式进行分析探讨。

4.1 妊娠母猪小群饲养工艺模式的技术特点

妊娠母猪群养主要有静态饲养(static)及动态饲养(dynamic)两种。静态饲养也可称为固定饲养,即饲养在一起的猪群相对固定;动态饲养则是定期对猪群进行调整。相对而言,静态群养能减少猪群在构建社群时的不稳定性,避免猪只之间因猪群变化带来的位次更换造成的争斗。动态群养通常适合于较大的群养规模,母猪的社会和自然环境更加丰富。母猪群养模式的主要技术特点有:

①与限位栏相比,母猪群养能获得更多的空间需求。有利于母猪活动,增强母猪的体质和使用寿命。

②群养为母猪提供了正常社会行为表达的机会,有利于生理和心理健康,最大限度地避免神经官能症、刻板和规癖等异常行为的发生。

③便于按生产单元对猪群管理,有利于工艺流程的实施和猪场周转。

④可以减少设备的占地面积,提高设备的利用效率。

⑤虽然不能如定位栏实施一对一的精细化管理,但与大群饲养相比,对母猪的管理相对容易。

当然,小群饲养还存在较多的问题,如强弱争食现象普遍,容易造成母猪过胖或过瘦;合群之初容易发生争斗和撕咬,导致母猪损伤及早期妊娠母猪的流产;不能进行个性化管

36

理,对分群要求较为严格。

4.2 妊娠母猪小群饲养工艺设计

4.2.1 群养规模的确定

在群体组建时,必须以生产节律为前提,按单元进行,对同一单元的妊娠母猪群体划分为若干个小群。一般小群饲养时,每个猪群大小在4~12头。在圈舍配置时,需要将同一单元的猪群安排在同一猪舍相邻位置,便于管理和周转。

4.2.2 圈栏面积计算

健康养猪工艺必须满足猪对生活空间的需求,圈舍内有严格的功能分区,即分采食区、躺卧区、排泄区和活动区。对于妊娠母猪,必须做到同时采食、同时躺卧;排泄可单独进行或2头同时进行;社交活动在2头或2头以上猪之间进行。即采用小群饲养的最小面积应该能保证采食、躺卧以及1头猪的排泄,而活动面积则需要在综合考虑采食、排泄面积的基础上加以确定。若采食、排泄所占面积之和足够社交活动面积的,则无需单设;若达不到,则需配置2头猪社交活动所要求的面积。

根据这一原则,利用公式2.1,就可对不同群养规模的圈栏基本面积加以确定(表4.1)。具体计算方法如下:

①按照母猪体重200 kg计算,每头猪理论需要的采食、躺卧、排泄、活动的面积分别为 $0.68 \ m^2$、$1.70 \ m^2$、$0.68 \ m^2$、$3.75 \ m^2$。

②群养规模在8头以下的,因采食、排泄面积之和小于 $7.5 \ m^2$(2头猪社交活动要求的面积),故实际圈栏面积应该是采食面积、躺卧面积和活动面积之和。

③群养规模在8头以上的,因采食、排泄面积之和大于 $7.5 \ m^2$,故实际圈栏面积应该是采食面积、躺卧面积和排泄面积之和。

④对于将采食和躺卧区域合二为一的隔栏式群养模式,其活动空间的大小应该能保证所有猪只可以站立为最低标准。

表 4.1 妊娠母猪不同群体规模的圈栏面积要求 m^2

功能区		小群饲养规模/头						备　注
		2	4	6	8	10	12	
理论需要	采食	1.36	2.72	4.08	5.44	6.80	8.16	6头以下1个猪位,以上2个猪位,考虑2头猪处于社交活动
	躺卧	3.40	6.8	10.2	13.6	17.0	20.4	
	排泄	0.68	0.68	0.68	1.36	1.36	1.36	
	活动	7.5	7.5	7.5	7.5	7.5	7.5	
实际需要		10.9	14.3	17.7	21.1	25.16	29.92	

根据上述原则确定的圈栏面积,符合欧盟每头猪 2.25 m² 的最低要求。可以看出,小群饲养时,采用 8 头以上的群养规模在满足母猪空间需求的前提下,可提高母猪的饲养密度和生产效率。

4.2.3 圈栏尺寸设计

研究表明,圈栏设计比每头猪的面积更影响争斗行为的发生,矩形的圈栏比方形的更能降低争斗,也比圆形圈栏更有利。[42-44]通常,圈栏尺寸应根据猪群的大小、每头猪的饲养面积、配置的设备尺寸等加以确定。结合猪定点排泄的习性要求,圈栏以(1.5~2):1 的长宽比较为合适。妊娠母猪小群饲养时,食槽或采食区域通常决定圈栏宽度。采用妊娠母猪的采食宽度为 35~45 cm。假设圈栏中躺卧、采食、排泄、活动各功能区相互独立,不同群养规模圈栏的面积按表 4.1 的实际需要面积计算,则不同群体适宜的圈栏尺寸可参考表 4.2 设计。

需要指出的是,当群养规模小于 6 头时,圈栏尺寸可以按照(1.5~2):1 的长宽比设计,当群养规模大于 6 头时,圈栏宽度尺寸由采食位置决定。如群养规模分别为 8 头、10头、12 头时,每头猪可以拥有的采食位置分别为 42~46 cm、37~40 cm、35~37 cm。

表 4.2　妊娠母猪不同群体规模理想的圈栏尺寸设计

圈栏尺寸	小群饲养规模/头						备　注
	2	4	6	8	10	12	
圈栏面积/m²	10.9	14.3	17.7	21.1	25.16	29.92	当群养规模超过 8 头时,适宜的宽度尺寸与采食位置要求相当,其中 8 头取 45 cm/头
圈栏长度/m	4.7~4.2	5.5~4.8	5.9~5.2	6.2~5.7	6.8~6.3	7.1~6.7	
圈栏宽度/m	2.3~2.6	2.6~3.0	3.0~3.4	3.4~3.7	3.7~4.0	4.2~4.5	

对于圈栏尺寸,还要考虑圈栏内的设备。如妊娠母猪采用隔栏群养(图 4.1),或采食和躺卧合一,则每头猪的采食间距需要 60 cm,圈栏尺寸就需要按照隔栏宽度及每个栏中的猪

a. 仅用于采食的隔栏　　　　　　　　　**b. 带扣栏的隔栏**

图 4.1　妊娠母猪隔栏群养系统

位来确定。若在躺卧区设置有暖床,还需考虑暖床的尺寸、摆放位置以及与隔栏中间的间隔能允许1头猪通过。上述尺寸只是一种理论上的推导,其尺寸比较适合于舍内单列布置方式,如果采用双列布置,就有可能出现猪舍跨度过大、而长度太短的情形。因此,在进行猪舍设计时要灵活掌握。

4.2.4 不同规模猪场母猪舍单元及圈栏配置

在猪场工艺设计时,一般需要根据规模大小确定生产节律。目前,规模猪场设计以1周为单位的生产节律最为普遍。按照工厂化生产保证全年均衡生产的要求,为不同规模猪场进行了空怀和妊娠母猪单元数、每个单元猪的饲养量、选择的圈栏群体大小,以及每单元圈栏数量等进行配置,见表4.3。对于每个圈栏猪群大小,选择6、8、10、12头均可,其中以8头/圈在饲养面积、圈栏长宽比方面最为理想。为防止空怀母猪配种后前3周容易流产,也可采用4头/圈。

表 4.3 不同规模猪场以周为生产节律的母猪舍单元及圈栏配置

规模(年出栏)/头	基础母猪数/头	空怀母猪					妊娠母猪				
		存栏/头	单元/个	单元饲养/头	圈栏饲养/头	每单元圈栏/个	存栏/头	单元/个	单元饲养/头	圈栏饲养/头	每单元圈栏/个
5 000	300	75	5	15	8(或7)	2	144	12	12	6/12	2/1
10 000	600	150	5	30	8(或7)	4	288	12	24	8/12	3/2
20 000	1 200	300	5	60	10	6	576	12	48	8	6
50 000	3 000	750	5	150	10(或9)	16	1 440	12	120	10/12	12/10

在进行猪舍设计时,还需要注意以下几点:
①从工程防疫的角度,应尽可能按单元实施全进全出;
②实在无法实施的,则可在一栋猪舍中安排几个单元,但单元之间应该有所分隔;
③如果猪舍内选用双列布置的,则每个单元的圈栏数最好按偶数配置;
④对于1万头以下的规模猪场,也可考虑将空怀配种母猪舍、妊娠母猪舍以及后备猪舍合建;
⑤表4.3中每个圈栏的群体大小是按照群养条件下能实现较高生产效率的一个推荐值,具体究竟采用多大群体还需要结合用户要求以及管理技术水平加以确定。

4.2.5 妊娠母猪小群饲养模式选择

符合健康养殖工艺要求的妊娠母猪小群饲养主要有3种形式,包括小群圈栏饲养、小群隔栏饲养和德国诺廷根舍饲散养系统。

1. 小群圈栏饲养模式

小群圈栏饲养模式以圈栏为单位,每个圈栏猪群的大小在4~12头之间。要求圈栏的长宽尺寸配比、饲养面积适当,能满足母猪采食、活动、躺卧、排泄等功能分区的需要。这种模式的采食区域可以有食槽,食槽的长度应保证每一头猪有一个采食位置(35～45 cm);也可以是直接将饲料撒在采食区域的地面上。对躺卧区地面应该进行特殊处理,如采用地板降温等。或者对猪进行一些调教,以保证母猪在圈舍内实现真正的功能定位。

2. 隔栏分饲小群饲养模式

隔栏分饲小群饲养模式是对限位栏饲养模式的改进。它保留了限位栏母猪采食区各自独立的优点,确保每头母猪无论强弱都能同时进食,隔栏之间的距离一般在 60 cm 左右。隔栏的后部可以是完全开放的,也可以设计成活动的扣栏,必要时当做限位栏使用。同时,隔栏的后部有共同的活动空间以及排泄区。

3. 德国妊娠母猪舍饲散养模式

图 4.2 是根据德国诺廷根饲养工艺模式设计的妊娠母猪群养系统。该系统为双列式布置,中间设一净道,供人员日常管理时使用。采食区采用限位隔栏分饲,每头猪的采食间距 60 cm。其限位栏可在猪采食及进行猪只检查、配种、妊娠等时自动扣上,形成类似的限位栏,平时呈打开状态,可供猪自由出入。料线采用自动计量落料系统。圈栏内躺卧区配有暖床。猪舍两侧带运动场,兼作排泄区使用。整个系统,采食、活动、躺卧、排泄分区明确,猪只可获得很好的福利。

a. 带扣栏的采食区限位栏

b. 净道

c. 通往舍外运动场

d. 舍外运动场

图 4.2　一种典型的德国妊娠母猪群养系统

4.2.6　规模猪场(2 000 头基础母猪)妊娠母猪舍工艺设计方案举例

表 4.3 是依据空怀母猪配种后 21 d 进入妊娠舍,临产前 1 周进入产房的工艺要求得出的计算结果。对于一个存栏基础母猪 2 000 头的规模猪场,每周转群的妊娠母猪 96 头,在妊娠猪舍的饲养周期为 12 周。每个单元设 8 个圈栏,每个圈栏饲养母猪 12 头。

1. 方案一

①猪舍的工艺布置及平面设计方案如图 4.3 所示。

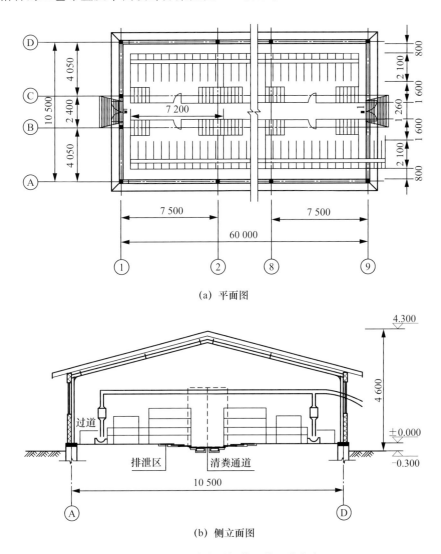

(a) 平面图

(b) 侧立面图

图 4.3　妊娠母猪小群饲养工艺设计方案一

②采用小群饲养工艺,小群饲养规模 12 头/圈。

③每个单元圈栏数 8 个。

④采食区采用限位隔栏分饲,每头猪的采食间距 60 cm。料线采用自动计量落料系统。

⑤圈栏尺寸 7.2 m×3.7 m。

⑥双列三走道布置形式,中间为污道,两侧为净道。

⑦设独立的排泄区,排泄区采用微缝地板系统的粪尿分离干清粪技术。

⑧每栋猪舍安排 2 个单元,中间隔开。猪舍长×宽为 60 m×10.5 m,建筑面积 630 m²。

⑨整个猪场共需配同样尺寸的妊娠猪舍 6 栋,建筑面积合计 3 780 m²。

2. 方案二

①猪舍的工艺布置及平面设计方案见图 4.4。

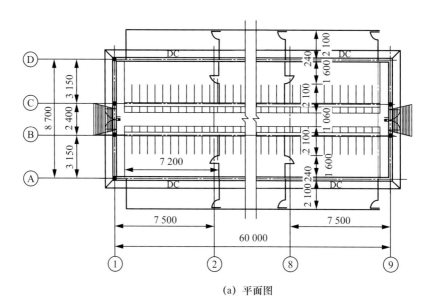

(a) 平面图

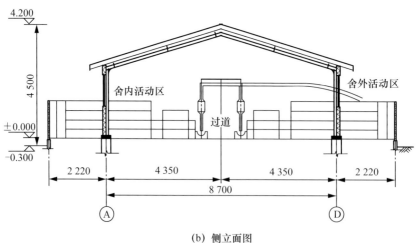

(b) 侧立面图

图 4.4 妊娠母猪小群饲养工艺设计方案二

②采用小群饲养工艺,小群饲养规模 12 头/圈。

③每个单元圈栏数 8 个。

④采食区采用限位隔栏分饲,每头猪的采食间距60 cm。料线采用自动计量落料系统。

⑤圈栏尺寸7.2 m×3.7 m。

⑥双列单走道布置形式,中间为净道。

⑦猪舍两侧设舍外运动场,兼作排泄区,与猪舍同长,宽度为2.1 m。按照圈栏对运动场进行分隔,排泄区采用实体地面,机械或人工干清粪技术。

⑧每栋猪舍安排2个单元,中间隔开,猪舍长×宽为60 m×8.7 m,建筑面积522 m²;运动场面积2 m×126 m。

⑨整个猪场共需配同样尺寸的妊娠猪舍6栋,建筑面积合计3 132 m²。

3. 方案三

①猪舍的工艺布置及平面设计方案见图4.5。

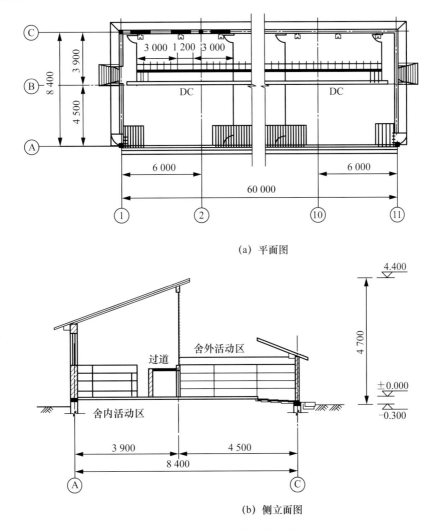

(a) 平面图

(b) 侧立面图

图4.5　妊娠母猪小群饲养工艺设计方案三

②采用小群饲养工艺,小群饲养规模12头/圈。

③每个单元圈栏数8个。

④采食区采用限位隔栏分饲,每头猪的采食间距 50 cm,料线采用自动计量落料系统。

⑤圈栏尺寸为 7.2 m×3.7 m。

⑥单列单走道布置形式。

⑦猪舍南侧设舍外运动场,与猪舍同长,宽度为 4.5 m。按照圈栏对运动场进行分隔。排泄区设在运动场内,每个圈栏设两个排泄区,排泄区采用微缝地板系统的粪尿分离干清粪技术。

⑧每栋猪舍安排 1 个单元,猪舍长×宽为 60 m×3.9 m,建筑面积 234 m²,运动场长×宽为 60 m×4.5 m。

⑨整个猪场共需配同样尺寸的妊娠猪舍 12 栋,建筑面积合计 2 808 m²。

4.3 妊娠母猪小群饲养的环境温度控制技术

夏季高温、高湿对妊娠母猪生产影响极大,若不采取降温措施,会使母猪出现食欲减退、采食量减少、体温升高、呼吸次数增加,以及母猪发情不明显、流产、难产、死胎等现象,导致母猪机体营养不良、繁殖性能降低。由于我国夏季普遍温度很高,很多地方为防止更大的损失,一般安排母猪夏季最热的两个月歇产。目前,规模猪场常用的母猪降温措施主要有喷淋降温、滴水降温、湿帘风机降温等蒸发降温技术以及通风降温、地道风降温、风管降温等对流降温技术。通常,蒸发降温技术在高温、高湿时降温效率较低;舍内外温差较小时通风降温的效果也不很理想。尤其是对于开放式猪舍,常规的降温措施一般很难满足要求。虽然这些降温措施也能发挥较好的降温效果,但还存在一些问题,如会增加舍内湿度,引起地面潮湿和不洁,设备使用时的噪声,过度的强制通风导致机体失热过多,风速过大造成猪体不适等,在不同程度上影响猪群的健康和生产性能的发挥。另外,进行整舍温度调控,还会出现能耗高、耗水量多、排污量大等问题。因此,采用适于母猪舍的局部环境温度调控技术,不但能够达到降温的目的,还可以在很大程度上实现节能、节水。根据妊娠母猪小群饲养的特点,这里着重介绍降温猪床、猪舍躺卧区地板降温系统两种局部降温技术的效果。

4.3.1 降温猪床的构建及其降温效果

1. 降温猪床构建

对于采用隔栏群养模式的妊娠母猪,若没有专门的躺卧区,则可以利用已有的隔栏搭建降温系统。或者在圈栏小群饲养模式中,对采食区进行改造,搭建类似的降温猪床。设计降温猪床的圈舍,为降低母猪的饲养面积,需要将采食、躺卧两个区域结合在一起考虑。

降温猪床主要由支架(也可以直接利用隔栏)、镀锌水管、辐射铝板及铝板外边的隔热层组成(图 4.6),猪床的尺寸为长×宽×高=1.5 m×0.6 m×1.0 m。沿猪床长度方向从侧面到顶部平行铺设一定间距的水管,水管间用弯头连接。水管直径和水管布设间距可根据降温要求需要选择,一般直径在 15～25 mm,水管间距 20 cm 左右,每根水管长 1.5 m。

考虑到母猪躺卧时肢体的舒适性,最下面的水管距地面 20 cm 的距离。顶部水管外侧加盖铝板,为增加冷辐射效果,铝板与冷水管必须保持紧密接触。铝板外侧覆盖聚乙烯泡沫(PEF)隔热板。隔热板为 20 mm 厚,热导率为 0.03 W/(m·K),且能防水。[45]降温猪床可以是单体,也可以是连体,主要根据圈栏内猪的数量确定。采用地下水作为冷源,水流的方向按照图 4.6 所示的顺序,从 1→2→3→4→……流经各个猪床的水管,出水并入猪场原有的水管线路作为猪场生产用水。为保证整体的降温效果,同一圈栏内的各个降温猪床采用串联的方式,不同圈栏内的则采用并联的方式,以确保进水温度一致。图 4.7 是采用降温猪床的妊娠猪舍实景。

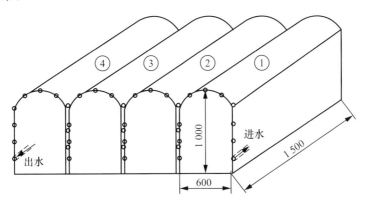

图 4.6 降温猪床的构造

图 4.7 改造后的猪舍内部图

2. 系统特点

①降温猪床是根据猪的体尺、生理需求和行为习性并结合猪栏的结构进行设计的,采用辐射和对流的原理,为妊娠母猪营造适宜的局部环境温度,从而可以减低热应激对母猪的影响,确保母猪夏季正常生产。

②冷源来自于猪的上部,且形成的局部冷环境稳定,不会引起腹部不适而影响猪的消化系统功能,躺卧的舒适性得到明显改善。

③该系统仅对躺卧区局部降温,无需进行整舍温度调控,可降低整舍降温能耗。

④水在一个封闭式系统中流动,不会影响整舍的相对湿度,可以保持舍内清洁、卫生。

⑤系统中的水可以循环利用,不会造成水资源浪费。

⑥非降温季节,可作为母猪的一个独立系统,减少猪之间的相互干扰。

3. 降温效果分析

试验在有窗式猪舍中进行。设试验组、对照组2个处理,每个处理3个重复。挑选24头母猪根据每个处理之间母猪的体重和胎次相近原则随机分到6个圈栏中,其中3个圈栏采用降温猪床(试验组),另外3个不设降温猪床(对照组)。降温猪床采用地下水为冷介质,进水温度20℃。试验期间,舍外平均温度为31℃,最高温度40℃,最低温度24℃;舍内平均温度为30℃,最高温度34℃,最低温度26℃;而降温猪床内部的平均温度为26.5℃,最高温度29℃,最低温度24℃。当舍内温度为34.5℃时,床内最大降温能达到6.5℃。虽然外界温度对舍温及降温猪床内部的温度有影响,且有一致的变化趋势,但床内温度较舍温平均下降了3℃,局部环境的最大温差为5℃,表明该猪床具有较好的降温效果,且温度变化幅值也较小(表4.4、表4.5)。

表4.4 测试期间舍内外、降温猪床内部温度的变化对母猪呼吸速率的影响

时间	空气温度/℃			呼吸率/(次/min)		显著性水平 (P)[a]
	舍外	降温猪床内部	舍内	降温猪床组	对照组	
9:00	33.2±0.4	26.8±0.1	29.5±0.2	11.2±0.7	16.3±2.0	*
14:00	39.0±0.2	29.2±0.1	33.8±0.0	12.8±1.0	47.7±4.4	＊＊
17:00	38.6±0.1	28.8±0.1	33.5±0.1	19.0±2.3	61.6±5.5	＊＊

[a]显著性水平:＊,P<0.05;＊＊,P<0.01。

表4.5 测试期间舍内外、猪床内温度的变化对妊娠母猪体表温度的影响

时间	空气温度/℃			体表温度/℃		显著性水平 (P)[a]
	舍外	猪床躺卧区	舍内	降温猪床组	对照组	
7:30	26.5±0.2	24.8±0.1	26.7±.1	34.1±0.2	34.4±0.1	NS
11:30	37.3±0.4	27.9±0.1	31.4±0.2	34.0±0.1	36.0±0.1	＊＊
14:30	38.8±0.1	29.1±0.1	33.8±0.0	34.3±0.1	36.7±0.0	＊＊
17:30	36.9±0.2	28.4±0.0	33.0±0.1	34.1±0.1	36.6±0.0	＊＊

[a]显著性水平:NS,P>0.05;＊＊,P<0.01。

通常,呼吸速率加快和体表温度升高,在很大程度上能反映猪的热应激程度。在适宜的环境温度下,妊娠母猪的呼吸速率为15~20次/min;超过临界温度后,温度每上升1℃,呼吸率增加8~20次/min。[46,47]为进一步考察降温猪床的效果,在高温时段进行了连续7天的母猪呼吸速率及体表温度的测试(表4.4、表4.5)。结果表明,使用降温猪床后,猪的呼吸速率、体表温度均显著低于无降温猪床内的猪,而且温度越高的时段差异越明显。

4.3.2　猪舍躺卧区地板降温系统设计及其降温效果

1. 设计思想

地板降温方式主要用于解决开放式猪舍系统以及农村简易猪舍的夏季降温问题。它是根据水的热容量大这一特性，利用低温水去吸收其他介质中的热量使介质的温度降低，且能保持介质温度的相对稳定。居于这一思想，在猪舍躺卧区地板下铺设排管并通以较低温度的地下水，即能起到降温并保持躺卧区地板温度相对稳定的作用。

2. 系统设计

猪舍躺卧区地板降温系统由5部分组成：①地下水或低温水源；②提水泵；③管道；④PVC排管（或称散热管）；⑤控制部分：阀门、压力表、温度表等。在躺卧区地板下，铺设PVC排管（图4.8、图4.9），然后用厚度约5 cm的水泥覆盖固定，其入水口通过阀门与进水端口相连，水经躺卧区排管后进行回灌或作为猪场生产用水。进水端阀门可手动操作，也可利用温度传感器进行自动开合。

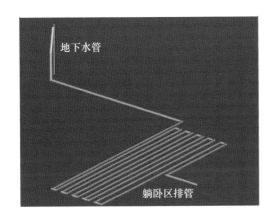

图4.8　地板降温系统排管布置示意图　　　图4.9　躺卧区降温系统的铺设

3. 系统特点

躺卧区地板降温是以水为媒介，在猪的躺卧区地板下部铺设排管的一种辐射降温方式，适用于有地下水源、可以打井的地区。该系统具有以下特点：

①对妊娠母猪等大猪而言，无论是开放式猪舍，还是封闭式猪舍，均可作为环境调控的一个措施加以应用，这对改善饲养环境、减少高温对生产的影响、简化建筑结构、降低成本都是有益的。

②该系统仅对躺卧区地板局部降温，无需进行整舍温度调控，因而也适用于分娩猪舍。即只对母猪的躺卧区地板降温，而不会导致整舍温度过低，从而较好地解决了哺乳母猪和新生仔猪对温度要求不同的矛盾，可最大限度地减小对哺乳仔猪的影响。

③水的流动是在一个封闭式系统中进行的，是通过辐射降温来完成的，不会造成猪舍内湿度的增加，可以保持舍内清洁、卫生。

④该系统采用地下水作为介质，由于地下水水温较为恒定，一般在15℃左右，不仅适合

于夏季降温使用,也可用作冬季地面保温,使躺卧区地板始终维持在较为适宜的温度范围,满足猪的躺卧行为需要。

⑤地下水经过该系统后,其水质不会发生变化,水温一般可维持在 20～25℃,若作为饮用水使用,不仅可以提高水的利用率,而且有利于猪群的健康和生产性能发挥。

4. 降温效果分析

为验证地板降温系统的降温效果,在开放式妊娠猪舍进行现场对比试验,试验组躺卧区采用地板降温系统,对照组躺卧区地板未做处理,每组有 7 头母猪。试验在舍外月平均气温 27.7℃、最高温度 35.3℃、最低温度 21.4℃下进行。试验期间试验组、对照组的地板温度以及舍外温度变化如图 4.10 所示。可以看出,对照组躺卧区地板温度与舍外气温变化基本一致,而试验组躺卧区地板温度基本保持在 24～25℃,表明该系统不但有明显的降温效果,而且躺卧区的温度十分平稳,形成了良好的躺卧区温热环境。

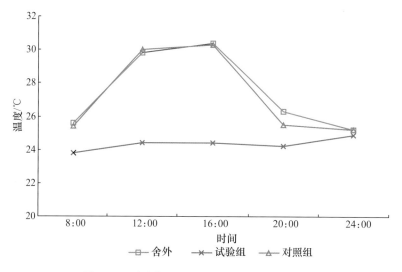

图 4.10　试验期间躺卧区地面及舍外温度变化

试验中还观察了母猪的躺卧行为。表 4.6、图 4.11 反映了每天 5 个时段、连续观察 20 d 的试验结果。可以看出,不同时段,对照组地板温度差异明显,造成猪选择躺卧区躺卧的数量出现明显差异。24:00 至次日 8:00 时段的躺卧区温度较为适宜,80% 的母猪选择躺

表 4.6　不同时段母猪躺卧数量分析(每组 7 头)

观察时间	舍外温度/℃	对照组 20 d 平均		试验组 20 d 平均	
		地板温度/℃	选择躺卧区躺卧头数	地板温度/℃	选择躺卧区躺卧头数
8:00	23.0～27.0	23.0～27.0	5.45±1.12	23.0～25.5	5.90±1.18
12:00	28.0～31.5	29.0～31.5	2.60±1.98^A	23.5～26	6.35±0.48^B
16:00	27.0～34.0	27.0～34.0	3.00±2.07^A	22.0～26.0	6.30±0.64^B
20:00	23.0～30.0	23.0～30.0	4.65±1.80^A	23.0～25.0	5.75±1.04^B
24:00	23.0～27.0	23.0～27.0	6.10±0.83^A	22.5～26.0	6.60±0.49^B

注:同列不标注或者标相同字母的表示差异不显著($P>0.05$),有不同大写字母的表示差异极显著($P<0.01$)。

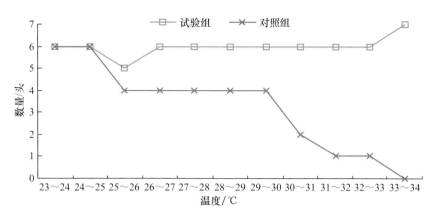

图 4.11　不同舍外温度下母猪的躺卧数量

卧区,且多采用舒适卧姿躺卧;而在 12:00～20:00 的高温时段,只有少数猪只选择躺卧区躺卧,多数猪选择运动场有水的区域躺卧或站立。其中 25～30℃时有 57% 猪选择躺卧区躺卧,30～33℃时仅剩 10%～20%,33℃以上所有的猪都不在躺卧区躺卧;20:00 以后,随着舍外温度下降,半数以上的猪只选择躺卧区躺卧。尽管舍外温度日变化较大,但试验组猪选择躺卧区的数量在不同时段均无差异,各时段平均有 85% 以上,且表现出舒适的伸展侧卧。表明采用地板降温系统后,猪的躺卧行为几乎不受舍外温度变化的影响。

可见,躺卧区温度是猪只选择躺卧区域的决定因素。如果舍外温度不超过 27℃,即使躺卧区未加任何处理,其温度也能满足躺卧行为要求,大部分猪会选择躺卧区躺卧,若躺卧区温度超过 28℃,猪的躺卧行为会发生很大变化,猪只躺卧的数量明显减少。因此,要使猪有良好的睡眠和休息,躺卧区实施局部降温是非常有效的。

与限位栏相比,小群饲养能使妊娠母猪获得更多的空间需求,有利于母猪活动,增强体质和使用寿命。同时,猪能更好地表达社会行为,有利于生理和心理健康,降低异常行为的发生。

在进行妊娠母猪小群饲养时,应提供能做到明确的功能分区的饲养面积和环境调控方式,才能真正做到健康养殖。对妊娠母猪而言,如何避免夏季热应激是母猪生产中最关键的问题,选择降温猪床、降温地板,不但能改善猪舍环境和卫生条件,有效缓解热应激对母猪生产和健康的影响,而且还有助于节能、节水,符合低碳养殖的发展方向。

第**5**章

哺乳母猪健康养殖工艺模式

哺乳母猪阶段饲养环境的好坏,对母猪的利用年限、仔猪的生长发育有着很大的影响。这一时期是整个养猪工艺流程中唯一一个同时需要将母猪和仔猪对环境的要求进行综合考虑的时期。由于这两种类型的猪对环境要求完全不同,在养殖模式设计中能否兼顾二者是养猪生产成败的关键。本章着重就如何构建哺乳母猪的健康养殖工艺模式、自由式分娩栏、挂帘式仔猪保温箱、产床铺设橡胶垫等工程措施对母猪和仔猪的健康、生长发育和生产性能以及行为表现等方面的影响进行分析,以便为母猪更快地实现产后恢复,更好地发挥其繁殖性能,生产健康、活泼的仔猪提供条件。

5.1 哺乳母猪的典型工艺模式特点

大部分规模猪场分娩母猪的饲养一般都为定位饲养模式,采用母猪产床也叫母猪产仔栏或防压栏,一般设有门洞式保温箱、金属漏缝地板,母猪饲养在限位栏内,活动面积小于2 m²。这种方式始于20世纪50年代,20世纪六七十年代得到了广泛应用。其主要特点是"集中、密集、节约",猪场占地面积少、栏位利用率高,工厂化水平高,劳动组织合理;可较好地采用各种先进的科学技术,如可配合采用省水的滴水降温法对母猪进行夏季降温等,实现养猪生产的高产出、高效率。这种模式是工厂化养猪生产最为典型的一种模式,目前被世界各国普遍采用。

与妊娠母猪限位栏饲养模式类似,也存在着很多不利于猪只健康和福利的问题。如分娩限位栏内母猪只能做前后移动或就地躺卧,无法转身,运动量严重不足,造成母猪种用体质下降;环境贫瘠单调,没有做窝的条件,正常行为得不到满足;母性差、产程长,繁殖障碍增多;容易产生死胎,压死率高。产床内的漏缝地板虽然改善了猪床的清洁卫生,但容易造成猪蹄和母猪乳头以及仔猪关节的损伤,仔猪吮吸乳汁时趴卧在冰冷的地板上造成腹部较多热量损失引发腹泻。舍内环境难以掌控,不易协调母猪和仔猪对温度的要求,容易对母猪造成热应激,影响采食、泌乳及产后恢复;仔猪冷应激较为常见,引起仔猪下痢、发育不良。门洞式保温箱仔猪出入困难(图5.1),箱体内空气污浊,尤其是冬季有害气体浓度较舍内还要高,影响仔猪健康以及对保温箱的利用率,导致仔猪因选择保温箱外温度较高的母猪身旁躺卧而容易被压死。[48]此外,生产中使用的产床及产床内部配置的设备都是固定的,对于体型大的母猪以及仔猪哺乳后期容易产生空间不足的问题;整舍环境温度调控带来

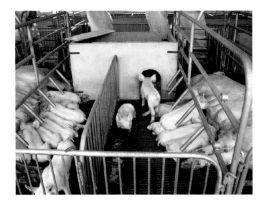

图 5.1 门洞式保温箱仔猪只能单独进出

的能源浪费问题等,都与现有哺乳母猪舍采用的这种定位饲养工艺模式有直接关系,需要加以解决。

近年来,哺乳母猪福利问题日益受到关注。在哺乳母猪饲养中,有两种模式符合健康养殖的要求。一种是以Minnesota研究的哺乳母猪群饲为代表的一种模式,认为哺乳母猪群饲可使母猪行动自由,利于分娩,减少应激,筑巢、与仔猪交往等自然行为得到表现,有利于降低仔猪死亡率。在这一系统中,母猪采用大群饲养,在猪舍内为每头母猪及她的子女配备了一个单间,当母猪需要时可以进入其中(图5.2)。另一种则是顾招兵设计的自由式分娩栏,[49]这是对现有分娩栏(或称产床)进行的改造。一方面适当将圈栏面积增加;另一方面将原限位栏中的隔栏做成可拆卸的,便于在需要时将其拿走,使母猪的生活空间变大,可以在圈栏内自由活动。同时,为防止母猪压死仔猪,圈栏内设置了一些防压构件,克服了普通大圈栏容易压死仔猪的弊端。在这种圈栏内,母猪的健康状况和繁殖性能得到改善,而仔猪的压死率也能保持与传统的限位分娩栏相似的水平(图5.3)。

a. 群养母猪舍中每头母猪及子女配的单间

b. 母猪及子女可以任意在舍内躺卧

图 5.2 美国 Minnesota 研究的哺乳母猪群饲模式

a. 哺乳母猪可在圈栏内自由走动

b. 哺乳母猪借助防压构件在合适的位置躺卧

c. 哺乳母猪在自由式分娩栏哺乳场景一

d. 哺乳母猪在自由式分娩栏哺乳场景二

图5.3　自由式分娩栏模式

5.2　基于自由分娩栏的哺乳母猪健康养殖工艺模式设计

5.2.1　设计思路

针对现有分娩限位栏母猪活动空间狭小、正常行为得不到充分表达、母性及体质较差、造成仔猪压死率高等问题,从动物健康与福利化养殖的角度,设计一种新型的自由分娩猪栏,形成一套适于哺乳母猪健康养殖的工艺模式,使哺乳母猪和仔猪生存环境的舒适性得到较大改善,提高母猪和仔猪的健康水平和生产性能。

5.2.2　圈栏设计

图5.4所设计的母猪自由式分娩猪栏,其栏长250 cm,宽230 cm。用一H形隔栏将整个产床分割成长×宽为2.50 m×1.25 m、2.50 m×1.05 m大小不等的两个区域,隔栏与

圈栏同高。将隔栏的两支柱下端与前后围栏之间用钢管焊接连为一体,不仅可以避免母猪横向躺卧,还能防止仔猪在此处被压死(图 5.5)。隔栏下部设置一离地面 30 cm 的可拆卸仔猪防压横杆。母猪进入产房后,可将横杆拆除,这样可增加产前母猪的活动空间,避免母猪跨越防压横杆撞击到腹中胎儿。母猪分娩后,将防压横杆固定,保护仔猪免于压死。分娩后 1 周,仔猪已具备了较强的逃避压死风险能力,此时再将防压横杆撤走,为母猪提供更多的活动空间。

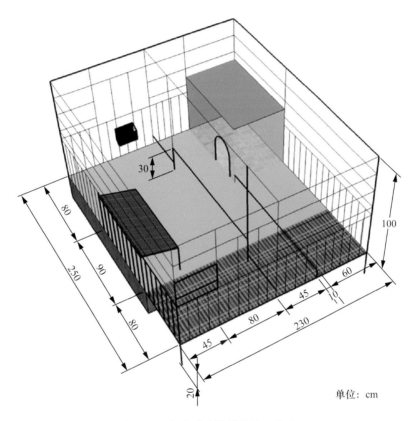

单位: cm

图 5.4 自由式分娩栏结构示意图

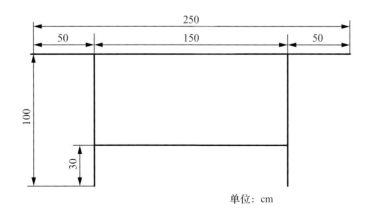

单位: cm

图 5.5 分娩栏中的 H 形隔栏

53

大区域中包含与围栏连接的仔猪防压面,及距侧围栏 45 cm 处的倒 U 形仔猪防压构件。为防止母猪分娩前进入倒 U 形防压构件与侧围栏之间引起的腹中胎儿挤压,应将防压面放下扣紧在防压构件上,待分娩后将防压面掀开反扣在围栏上,以增加母猪的活动空间(图 5.6)。倒 U 形仔猪防压构件与 H 形隔栏之间是母猪的躺卧区,宽 80 cm,是基于母猪动态空间需求而确定的。

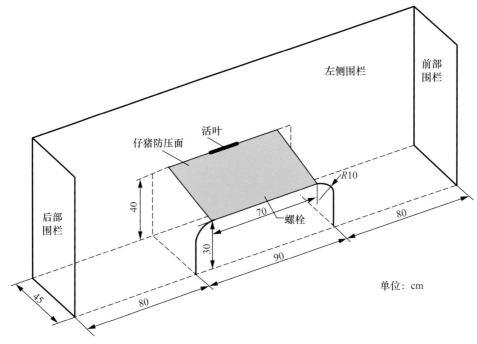

图 5.6　大区域中的仔猪防压构件

小区域紧贴圈栏处,放置 80 cm 长、60 cm 高的仔猪保温箱(保温箱宜设在靠近净道端,长度方向可以与圈栏长轴平行,或与之垂直,便于饲养员对箱内仔猪管理),占栏宽度 60 cm。其余部分设置一距地面 10 cm 的横隔栏,以减小中间防压横杆拆除后仔猪被压死的风险(见图 5.4)。

通过这种设计,母猪的生活空间较限位栏饲养模式下增加了 90 cm 的宽度,从而很好地解决了空间狭小、无法自由活动的问题,并且可有效防止仔猪压死情况的出现。

5.2.3　仔猪暖床设计

针对仔猪保温箱内有害气体浓度高、利用效率不高、仔猪同时出入困难的问题,将门洞式仔猪保温箱改为仔猪暖床(即挂帘式保温箱),如图 5.7 所示。它是将一个前部打开,挂上半透明的软塑料(条)门帘的矩形箱体。[50] 在仔猪哺乳阶段可对暖床内部局部加热,并可根据仔猪日龄对暖床温度进行调控。仔猪躺卧时,躯干部分留在箱内,头部朝外,鼻端露于帘外,这样既可以满足适宜的躺卧环境温度,又能使猪呼吸到新鲜的空气。暖床前端的开敞挂帘可使仔猪同时出入箱体,保证仔猪在母猪放乳时能同步找到乳头,克服了传统保温箱内仔猪不能同时哺乳,而出现仔猪大小不均,强弱差别较大的问题。

适于哺乳仔猪使用的暖床,其尺寸为 100 cm×60 cm×60 cm,可同时满足 10 头仔猪在里面躺卧,每头猪都有 10 cm 宽的躺卧位置。暖床的围护结构可采用双层中空 PC 板、玻璃钢或混凝土薄板。对于农村简易猪舍,还可以直接用砖砌成固定的暖床。

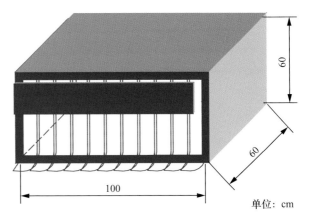

单位: cm

图 5.7　暖床结构示意图

暖床中使用的热源有几种形式,如在床的顶部吊挂 250 W 远红外灯(最好为高低两档可调),也可采用 200 W 的电热辐射板或 60 W 电热膜,也可采用地面加热的办法(地暖)。顶部加热采用电热板或电热膜较远红外灯加热更易使暖床内部获得较好的温度分布。地面加热有电加热板、暖芯地板(电加热)或调温地板(水暖)。相比较而言,地板加热的舒适性要好于顶部加热,主要原因是:①使仔猪腹部受热均匀,对防止腹泻有好处;②热效率高、能耗低、温度稳定;③清洗、消毒方便,坚固耐用。

5.2.4　产床床面设计

针对金属漏缝地板板条容易导致母猪和仔猪受伤,地板凹凸不平以及稳定性不够导致母猪躺卧不舒适,不同季节只能通过整舍调温来保证母猪对温度的要求,导致能耗过大,躺卧时床下空气对流与母猪或仔猪体表之间的摩擦和热量散失等问题,从优化猪床床面出发,在金属漏缝地板上铺设具有较好舒适度的橡胶垫,或在猪的躺卧区域铺设保温性能好的实体地板或调温地板,对仔猪躺卧区地板还可铺设垫草;其他区域采用微缝地板,以此来提高产床的舒适性,解决传统产床对母猪和仔猪的伤害,以及不利于保温的问题。

对于采用实体地面的产床,母猪躺卧区也可以铺上垫草,不但可以改善躺卧区的舒适度,还可以满足母猪作巢、拱啃等行为需要(图 5.8)。

图 5.8　哺乳母猪躺卧区铺设垫草,有利于提高母猪躺卧的舒适性

5.3 自由分娩栏系统对母猪活动和繁殖性能的影响

5.3.1 母猪活动行为变化

一般认为,母猪存在疾病、腿病或过于肥胖,则侧卧时间较长。分娩前 4 h 以及分娩过程中若侧卧时间较多,则仔猪死胎率会相应较高。[51]犬坐则是限位栏中母猪因正常活动行为得不到充分表达而出现的一种刻板行为。对临近分娩以及分娩过程中的母猪而言,常常会表现出频繁的姿势转换和坐卧不宁,这在一定程度上反应了母猪的生理或身体状态。

1. 产前

表 5.1 统计了母猪临产前 24 h 内在 3 种不同分娩栏中活动行为的变化情况。与限位栏相比,自由式分娩栏中母猪站立、腹卧的时间分别增加了 16.5 个百分点、8.5 个百分点,而侧卧、犬坐的比例则分别减少了 16.8 个百分点、7.4 个百分点,差异显著(P<0.05)。在3 种圈栏中,母猪转换姿势的频繁程度有所差异。各种行为每 24 h 发生的频次,以有垫草的普通大圈栏中最低,仅 176 次;自由式分娩栏次之,265 次;限位栏中最高,298 次。表明,母猪临产前躺卧的舒适性有利于母猪产前保持安静,减小应激程度。

表 5.1 不同分娩栏母猪产前 24 h 内各种姿势的行为比例和频次

项目	圈栏类型	站立	跪立	侧卧	腹卧	犬坐	合计
行为比例/%	自由式分娩栏	42.3±7.1ᵃ	1.1±0.1ᵃ	31.1±6.9ᵃ	20.1±0.9ᵃ	5.4±0.7ᵃ	100
	普通大圈栏（有垫草）	37.8±11.4ᵃ	1.4±0.4ᵃ	37.7±6.9ᵃᵇ	21.7±7.1ᵃ	1.4±0.3ᵇ	100
	分娩限位栏	25.8±5.4ᵇ	1.9±0.2ᵃ	47.9±4.4ᵇ	11.6±2.6ᵇ	12.8±1.4ᶜ	100
行为频次	自由式分娩栏	67.3±5.4ᵃ	66.0±5.2ᵃ	35.5±2.9ᵃ	46.3±5.6ᵃ	50.3±9.6ᵃ	265
	普通大圈栏（有垫草）	41.7±8.7ᵇ	41.0±8.5ᵇ	28.7±10.5ᵃ	47.0±25.2ᵃ	17.7±2.6ᵇ	176
	分娩限位栏	74.0±6.3ᵃ	74.0±6.2ᵃ	58.0±5.0ᵇ	25.0±9.0ᵇ	67.0±8.2ᵃ	298

注:同列不标注或者标相同字母的表示差异不显著(P>0.05),有不同小写字母的表示差异显著(P<0.05)。

2. 产中

表 5.2 统计了 3 种不同分娩栏在母猪分娩进程中的活动行为状态变化。自由式分娩栏中母猪站立和腹卧的行为较限位栏高 9.9 个百分点和 6.5 个百分点,而侧卧的比例则减少了 17.6 个百分点,犬坐的比例高出 2.1 个百分点,两者之间差异显著(P<0.05)。3 种圈栏中,母猪在带垫草的普通大圈栏分娩过程中侧卧、犬坐的比例最低,表明这种圈栏设计对母猪分娩最有利。

分娩进程中,母猪转换姿势较产前大幅度减少,整个产程中仅发生了 20～30 次的姿势转换。表明母猪分娩过程中需要降低活动量、保持足够的安静状态来维持体力,以确保仔

表 5.2　不同分娩栏母猪分娩进程中各种姿势的行为比例

项目	圈栏类型	站立	跪立	侧卧	腹卧	犬坐
行为 比例/%	自由式分娩栏	19.5±9.1[a]	0.6±0.1[a]	67.5±10.1[a]	9.2±3.1[a]	3.2±1.9[a]
	普通大圈栏 （有垫草）	19.5±5.6[a]	1.7±0.5[b]	57.7±2.5[a]	20.1±5.2[b]	1.0±0.4[b]
	分娩限位栏	10.6±6.4[b]	0.5±0.3[a]	85.1±3.6[b]	2.7±2.7[c]	1.1±0.4[b]
行为频次	自由式分娩栏	5.3±1.1[a]	5.0±1.1[a]	7.0±2.3[a]	4.7±2.9[a]	7.0±4.0[a]
	普通大圈栏 （有垫草）	7.7±1.5[b]	7.3±1.8[b]	5.0±1.5[b]	6.0±2.5[b]	3.3±1.5[b]
	分娩限位栏	5.0±2.0[a]	5.0±2.0[a]	5.5±1.5[b]	2.0±2.0[c]	3.5±0.5[b]

注：同列不标注或者标相同字母的表示差异不显著（$P > 0.05$），有不同小写字母的表示差异显著（$P < 0.05$）。

猪娩出。

3. 产后

无论哪一种圈栏，母猪产后 24 h 内都以侧卧为主。躺卧和侧卧的比例占整个行为状态的 90% 以上（表 5.3），表明产后母猪 90% 以上的时间处于休息和睡眠。因此，产后躺卧区条件的好坏，对母猪产后恢复影响更大。虽然产后母猪转换姿势大大少于产前，但较分娩过程有所增加，自由式圈栏、带垫草大圈栏和限位栏共发生的姿势转换分别为 45 次、71 次和 35 次，相比较而言，前两种圈栏中的母猪要比限位栏活跃一些。值得注意的是，姿势转换频繁，以及母猪躺下用时短，会增加仔猪被挤压的可能性。对于母性较好的母猪来说，在站立与躺卧行为发生转换时，会通过拱地或左右摇头驱赶身边的仔猪来降低仔猪压死率。[52]一般情况下，母猪准备躺卧时先将前膝跪立在床面上，然后臀部再下落到床面。研究结果表明，在 3 种圈栏中，自由式分娩栏母猪臀部的下落时间最长，平均为 8.7 s；分娩限位栏的下落时间最短，仅为 3.9 s，而带垫草大圈栏的母猪下落时间居中，平均 5.7 s（图 5.9）。可见，自由式分娩栏比较有利于减少仔猪压死率。

表 5.3　不同分娩栏母猪产后 24 h 内各种姿势的行为比例

项目	圈栏类型	站立	跪立	侧卧	腹卧	犬坐	合计
行为 比例/%	自由式分娩栏	8.6±1.8[a]	0.2±0.0[a]	86.2±2.6[a]	4.5±1.6[a]	0.6±0.3[a]	100
	普通大圈栏 （有垫草）	8.1±2.1[a]	0.3±0.1[b]	82.6±1.4[b]	7.6±1.6[b]	1.4±0.9[b]	100
	分娩限位栏	4.2±1.8[b]	0.1±0.0[a]	89.9±7.6[b]	5.3±5.3[a]	0.5±0.4[a]	100
行为频次	自由式分娩栏	12.3±1.4[a]	9.5±0.3[a]	9.0±2.9[a]	6.7±2.2[a]	7.5±1.5[a]	45
	普通大圈栏 （有垫草）	14.3±7.3[b]	14.3±7.3[b]	16.7±3.7[b]	13.0±1.7[b]	13.3±4.4[b]	71
	分娩限位栏	8.0±1.0[b]	7.0±0.0[a]	9.0±1.0[a]	2.5±2.5[c]	5.5±2.5[a]	35

注：同列不标注或者标相同字母的表示差异不显著（$P > 0.05$），有不同小写字母的表示差异显著（$P < 0.05$）。

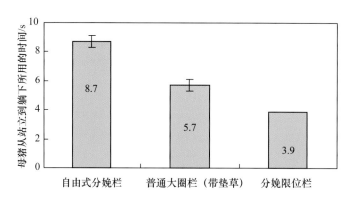

图 5.9　不同分娩栏中母猪完成从站立到完全躺下需要的时间

5.3.2　母猪产程和死胎率

母猪分娩时间范围一般在 0.5～6 h，平均 2.5 h，产仔间隔在 15～20 min。产程超过 4 h 的，称为分娩延时。产程每延迟 1 h，仔猪死胎率增加 23%。[53-55]产仔间隔越长，仔猪越不健壮，早期死亡的危险性越大。母猪分娩时需要多次反复努责，体力消耗极大。如果产仔数增多，产程后期母猪则很有可能因为体力不支，产生死胎。

为了解不同分娩栏对母猪产程及产仔间隔的影响，试验中对其产程、产仔间隔、死胎率等进行了统计（表 5.4）。结果表明，限位栏母猪的产程显著长于自由式分娩圈栏和普通大圈栏（P＜0.05），其产仔间隔平均为 28 min，较自由式分娩圈栏的 23 min 和普通大圈栏的 21 min 显著增加（P＜0.05），死胎率约为另两种分娩栏的 2.5 倍，差异极显著（P＜0.01）。因此，采用自由式分娩栏或大圈栏，有利于改善母猪饲养环境，增强母猪体质，有助于缩短产程和产仔间隔，降低仔猪死胎率。

表 5.4　不同分娩栏母猪产程和死胎率比较

项　目	自由式分娩圈栏	普通大圈栏（带垫草）	分娩限位栏
胎次	4.5±1.6	4.8±1.2	4.1±1.3
妊娠期/d	114.8±2.4	112.7±0.6	114.5±2.1
产程/min	197.2±20.4ᵃ	215.7±62.5ᵃ	293.4±96.3ᵇ
分娩间隔/min	22.9±2.8ᵃ	21.1±7.7ᵃ	28.0±8.60ᵇ
窝产仔数/头	11.0±1.0	11.0±0.4	12.5±0.4
窝产活仔数/头	10.6±1.1	10.5±0.5	11.2±0.5
每窝死胎率/%	4.2±2.6ᴮ	4.1±2.5ᴮ	10.5±3.2ᴬ

注：同行不标注或者标相同字母的表示差异不显著（P＞0.05），有不同小写字母的表示差异显著（P＜0.05），有不同大写字母的表示差异极显著（P＜0.01）。

5.4　自由分娩栏系统对哺乳仔猪健康和生长发育的影响

5.4.1　仔猪压死率

实际生产中,母猪分娩阶段多采用限位栏饲养,其目的是通过将母猪限制在有限的范围内,来降低仔猪的压死率。然而,试验结果显示,自由式分娩栏中的仔猪压死率(9.3%)与分娩限位栏(10.8%)相当,二者之间无显著性差异($P>0.05$);普通大圈栏中仔猪的压死率最高(25.5%),与其他两种分娩栏呈极显著差异($P<0.01$)。其原因在于,虽然自由式分娩栏和普通大圈栏都可以让母猪自由活动,但前者圈栏内有防压构件,母猪躺卧的区域固定,加之自由式分娩栏内的母猪躺下时用时较多,仔猪有较多的逃生机会。相反,普通大圈栏内无防压构件,母猪有较多的躺卧选择点,而且因母猪体重较大,有时需要依靠圈栏顺势躺下,因而仔猪容易受挤压而无法逃走。也就是说,作为哺乳期母猪健康养殖模式中的关键设备,自由式分娩栏同时解决了限位栏母猪无法自由活动、普通大圈栏仔猪压死率高两个难题。

5.4.2　哺乳仔猪生长发育

图 5.10 统计了 3 种分娩栏的仔猪生长发育情况。可以看出,限位栏 7 日龄仔猪比自由式分娩栏和普通大圈栏有较高体重($P<0.05$),但 13 日龄和 21 日龄体重显著低于后两者($P<0.05$)。整个哺乳期间,分娩限位栏仔猪的平均日增重(169.0 g/头)较自由式分娩栏(194.8 g/头)、普通大圈栏(181.7 g/头)减少了 25.8 g/头、12.7 g/头,差异显著($P<0.05$)。一般情况下,0~21 日龄仔猪日增重的大小,主要取决于母乳或仔猪的吮乳能力,以及仔猪 2 周龄以后的采食能力。由于自由式分娩栏和普通大圈栏的母猪有较好的活动,产后体力恢复、食欲要好于限位栏,有利于母猪分泌更多的乳汁;而且,随着仔猪个体的不断增大,分娩限位栏不利于仔猪吮乳,因而使得限位栏中哺乳仔猪的增重受到较大的影响。

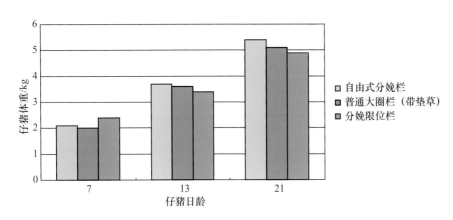

图 5.10　不同类型分娩栏对哺乳仔猪阶段体重的影响

5.5 保温箱形式对哺乳仔猪躺卧舒适性的影响

5.5.1 保温箱对哺乳仔猪的意义及存在的问题

对于产房而言,成年母猪和仔猪共同面对一个环境,因此产房的环境温度管理要求比较严格。通常,产房整舍温度的控制是以母猪对温度要求来设定的,比较适宜的温度在20℃左右。而刚出生的仔猪,由于被毛稀疏、皮下脂肪很少,机体温度控制机制尚未发育完全,当环境温度低于34℃时,仔猪很易受到冷应激。为解决大猪怕热、小猪怕冷的矛盾,在哺乳舍需要对母猪和仔猪采用不同的温度调控方式,给以适宜的温度。无论采用哪种分娩栏,都必须配备仔猪保温箱。传统限位栏中,普遍采用门洞式保温箱。这种保温箱可通过调节箱顶部加热灯的高度,以及开灯时间的长短使箱内温度保持在一个比较合理的范围内。但这种保温箱存在一个最大的问题就是箱内的空气质量较差,与箱外连通的只是一个300 mm×350 mm 的洞口,仅能满足少数仔猪将头伸到箱体外呼吸新鲜空气(图5.11)。不良的空气质量使得仔猪很易患呼吸道疾病,影响仔猪健康。为能呼吸到足够的新鲜空气,一方面,一些仔猪情愿选择产床其他区域躺卧,使得保温箱的利用大打折扣;另一方面,由于产房温度达不到仔猪要求,寒冷会驱使仔猪靠近母猪,其后果就是引发仔猪被压死。因此,采用挂帘式仔猪保温箱(即暖床设备),可有效地解决上述问题。

图5.11 哺乳仔猪在门洞式保温箱内躺卧

5.5.2 不同保温箱对箱体内环境的影响

冬季同一栋分娩舍内,将分娩栏分成2组,每组含5栏,分别安装挂帘式和门洞式保温箱。测试结果表明,不同形式保温箱内有害气体的含量有所差异,但箱内温度差异不显著(表5.5、图5.12、图5.13)。就总体而言,产房内冬季有害气体浓度不是很高,符合环境卫生

表5.5 不同形式保温箱内的温度状况 ℃

类 型	测点离地高度/cm	仔猪日龄		
		2	9	16
门洞式保温箱	0	25.9±0.1	25.4±0.1	24.8±0.2
	10	31.7±0.1	31.3±0.2	29.4±0.2
挂帘式保温箱	0	26.0±0.1	25.3±0.1	24.7±0.2
	10	32.1±0.1	30.7±0.2	29.7±0.1

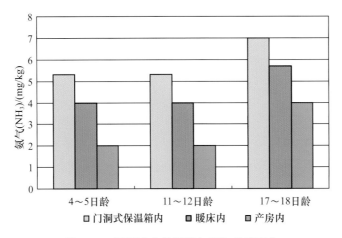

图 5.12 不同形式保温箱内 NH₃ 浓度变化

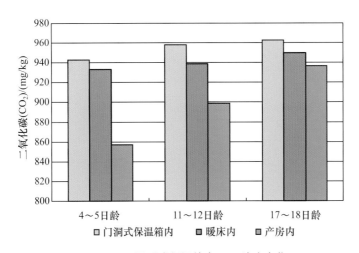

图 5.13 不同形式保温箱内 CO₂ 浓度变化

学的要求。但应当看到,保温箱内的有害气体含量均高于分娩舍内的含量,而门洞式保温箱内的含量较挂帘式保温箱内更高,二者差异显著($P<0.05$)。

保温箱内环境的好坏,对仔猪的躺卧舒适性有较大影响。图 5.14 反映了两种保温箱中仔猪躺卧情况。可以看出,挂帘式保温箱内的仔猪几乎都顺着一个方向躺卧,头都在帘子附近。一旦猪只之间在箱内发生争斗,则相对处于劣势的猪可从箱内逃到箱外。而门洞式保温箱中仔猪的躺卧方向比较杂乱,只有 2~3 头猪的头可伸出箱外。

5.5.3 保温箱形式对仔猪健康和生长发育的影响

不同形式的保温箱,不但使箱内环境和仔猪的舒适性产生差异,而且对仔猪的生长发育和健康也有一定的影响(表 5.6)。门洞式保温箱较挂帘式保温箱的仔猪淘汰率高出近 9个百分点,差异极显著($P<0.001$)。尽管两种形式下仔猪的初生重没有差异,随着日龄的增加,采用挂帘式保温箱的仔猪增重好于门洞式保温箱,两者之间差异极显著($P<0.01$)。表明挂帘式保温箱对哺乳仔猪的健康和生长发育更有利。

a. 挂帘式保温箱内仔猪可同时将头伸到外面　　　　b. 挂帘式保温箱内仔猪打斗时落败方容易逃走

c. 门洞式保温箱内只能少数仔猪将头伸到外面

图 5.14　两种形式保温箱内仔猪的舒适性表现

表 5.6　不同形式保温箱对仔猪生长发育和健康的影响

类　型	仔猪各日龄体重/kg				整个哺乳期	
	0(初生)	7	14	21	淘汰率/%	腹泻率/%
门洞式保温箱	1.4±0.0	2.5±0.1^A	4.2±0.1^A	5.7±0.2^A	11.3±1.17^A	1.29±0.12
挂帘式保温箱	1.4±0.0	2.8±0.1^B	4.6±0.1^B	6.2±0.2^B	2.5±0.08^B	0.80±0.03

注:同列不标注或者标相同字母的表示差异不显著($P>0.05$),有不同大写字母的表示差异极显著($P<0.01$)。

5.6　金属漏缝地板床面铺设橡胶垫的效果分析

传统产床床面主要为金属漏缝地板,由于母猪产前姿势转换频繁,尤其是在出现阵痛后会不停地站起、躺下,容易造成母猪乳头、关节尤其是前肢关节的损伤,甚至导致瘸腿,使仔猪压死率增加,缩短母猪的使用寿命。仔猪哺乳时,金属漏缝地板传热快,腹部热量损失很大,易引发腹泻。哺乳阶段,仔猪在金属漏缝地板上的前肢损伤较为严重和普遍,容易出现细菌感染(图5.15)。为避免这种现象发生,可以参考奶牛舍的卧床使用橡胶垫的做法,在金属漏缝地板产床的床面铺设橡胶垫,并就铺设橡胶垫对仔猪生长发育和健康,以及母猪产后行为的影响进行了研究。

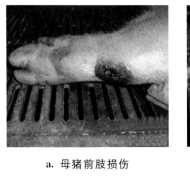
a. 母猪前肢损伤

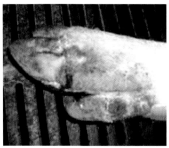
b. 母猪蹄部损伤

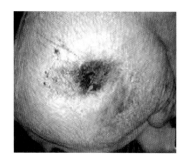
c. 母猪后躯损伤

d. 仔猪前肢损伤

e. 母猪乳房损伤

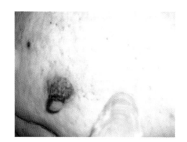
f. 母猪乳头受损

图5.15　分娩限位栏金属漏缝地板引起母猪、仔猪的损伤

5.6.1　产床铺设橡胶垫对仔猪前肢损伤及仔猪健康的影响

图5.16为无橡胶垫、铺设7 cm厚橡胶垫、铺设10 cm厚橡胶垫对不同日龄仔猪的前

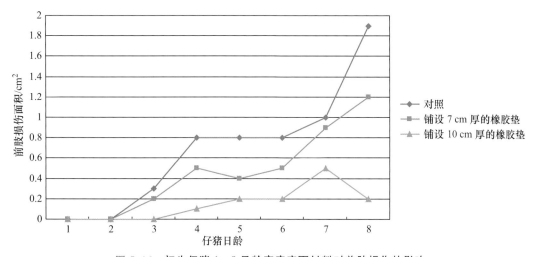

图5.16　初生仔猪1～8日龄产床床面材料对前肢损伤的影响

肢损伤情况。可以看出,随着仔猪日龄的增大,前肢损伤的程度会加剧。铺设橡胶垫后,仔猪前肢损伤有明显改善,增加橡胶垫厚度,效果更为显著。试验还发现,采用橡胶垫后,仔猪均未见有关节炎(前肢关节肿大),而没有橡胶垫的约有 10% 的仔猪患有关节炎。采用 10 cm 厚的橡胶垫组,仔猪的前肢损伤面积最小且伤口愈合最快(结痂)。

试验还统计了铺设橡胶垫与否对仔猪健康状况的影响(表 5.7)。与直接生活在漏缝地板组相比,铺设橡胶垫后仔猪的死亡率、腹泻率等显著降低,断奶活仔数增加 2 头左右,差异显著($P<0.05$)。

表 5.7 床面材料对哺乳仔猪健康的影响

项　　目	对照	铺设 7 cm 厚的橡胶垫	铺设 10 cm 厚的橡胶垫
窝产活仔数	10.0±0.6	10.0±0.0	10.0±1.0
窝断奶仔数	7.0±0.6[a]	9.3±0.3[b]	8.7±0.7[b]
总死亡率/%	27.9±4.7[a]	6.7±3.3[b]	12.1±8.0[b]
压死率/%	18.5±5.0[a]	6.7±3.3[b]	9.1±5.2[b]
腹泻死亡率/%	6.1±3.3[a]	0.0±0.0[b]	0.0±0.0[b]
腹泻发病率(0~21 d)/%	8.1±2.9[a]	7.1±1.1[a]	5.7±1.0[a]
新生仔猪腹泻发病率 (0~7 d)/%	6.4±0.4[a]	3.4±2.7[b]	1.4±0.8[b]

注:同行不标注或者标相同字母的表示差异不显著($P>0.05$),有不同小写字母的表示差异显著($P<0.05$)。

5.6.2　产床铺设橡胶垫对母猪行为的影响

据报道,铸铁漏缝地板上铺设环氧树脂橡胶可大大降低哺乳母猪前肢损伤和腿病的发生,阻止母猪失控躺卧行为的发生。Damm 等认为侧卧和腹卧比值越高,表示动物的舒适度越好。[56,57] 表 5.8 统计了产床铺设橡胶垫后对母猪活动行为的影响,结果表明,铺设橡胶垫后,母猪用于站立和侧卧时间相对增加,而犬坐、腹卧的时间以及行为转换频次相对减少,表明使用垫子后,母猪躺卧的舒适性有显著改善。此外,母猪在橡胶垫上用较长的时间完成躺卧,这对降低仔猪压死率也是有意义的。

表 5.8 床面材料对哺乳母猪行为的影响

地板类型	母猪行为所占时间的比例/%					活动状态变化	
	站立	跪立	侧卧	腹卧	犬坐	行为转换频次/(次/min)	完成躺卧时/s
对照	13.8±1.3[a]	0.3±0.1	64.6±2.4[a]	19.2±1.6[a]	2.2±0.1[a]	7.8±4.2[a]	2.6±0.2[a]
铺设 7 cm 厚的橡胶垫	12.0±1.9[a]	0.2±0.1	82.7±2.7[b]	4.8±1.4[b]	0.4±0.1[b]	4.2±1.2[b]	3.6±0.2[b]
铺设 10 cm 厚的橡胶垫	7.4±1.2[b]	0.2±0.1	75.8±2.5[b]	15.6±1.6[a]	1.0±0.2[b]	6.0±0.6[b]	3.7±0.2[b]

注:(1) 同列不标注或者标相同字母的表示差异不显著($P>0.05$),有不同小写字母的表示差异显著($P<0.05$)。

(2) 表中数据指猪各种姿势的发生时间占总观察时间的百分比;行为转换频次(次/min)=总行为频次/总观察时间。

第 **6** 章

断奶仔猪健康养殖工艺模式

断奶是猪一生中生活条件的第二次大转变。仔猪需要同时承受心理、营养和环境应激的影响,包括与母猪分离、日粮从全乳日粮变为粉料或粒料、从产房到断奶仔猪舍环境的改变,以及和不同窝的猪混群饲养等断奶应激,这种应激影响一般持续 2 周左右。对仔猪而言,任何日龄断奶都会出现应激反应,但不同的断奶日龄其反应程度不同。健康、活泼、采食良好的猪只,对断奶的反应较小,断奶后的调整很快;而行动迟缓、健康状况差的仔猪断奶时反应剧烈,断奶后的消沉期较长。为了尽可能减少断奶对仔猪的应激,除了选择适宜的断奶时间和给予优质饲料外,采用良好的养殖工艺模式,为其创造一个舒适的小环境是十分重要的。

本章着重讲述断奶仔猪传统的圈栏小群饲养、厚垫草饲养、发酵床饲养等健康养殖模式特点,分析舍饲散养大群饲养模式的特点和核心技术,提出不同规模猪场的断奶仔猪阶段舍饲散养工艺模式的设计方案,并对该模式中的暖床、福利性设施等关键技术在断奶仔猪培育阶段的作用效果进行探讨,以便为规模猪场的断奶仔猪健康养殖工艺模式的设计提供依据。

6.1 传统小圈饲养模式的特点

圈栏饲养是饲养仔猪和生长肥育猪时最普遍的生产饲养方式。规模猪场将哺乳仔猪饲养至 28 日龄、体重在 8 kg/头左右进行断奶。仔猪断奶后,或在哺乳舍原产床上饲养 1 周,或直接转入断奶仔猪舍饲养。多数情况下以窝为单位转入断奶仔猪舍,实行同窝小圈饲养,猪群大小为 8~10 头/圈,饲养面积为 0.3~0.4 m²/头。一般猪场断奶仔猪都采用离地饲养,猪床地板为全漏缝或局部漏缝地板,地板材质有塑料、金属、水泥等各种类型(图6.1)。每个小圈内,配置一个自由采食槽、一个鸭嘴式自动饮水器,水冲清粪或人工干清粪。为了减少仔猪应激反应并确保其健康生长,需为仔猪提供温暖、干燥、通风良好的舍内环境。普遍认为,4 周断奶仔猪舍内的温度应维持在 26℃左右,仔猪生长到 70 日龄时,也应将舍内温度维持在 18℃以上[58]。由于这个阶段的仔猪对温度反应比较敏感,过冷过热对仔猪健康和生长发育都是有害的,因此,有效的温度调控是这个时期最核心的内容,也是猪场能耗最多的一个时期。断奶仔猪舍多采用窗密闭式建筑型式,通过水暖加热系统、PVC正压送风管道系统等措施进行整舍加温,而类似于哺乳仔猪的局部环境温度调控技术如仔猪保温箱、加热地板等国内则用得不多。在过于强调温度的前提下,断奶仔猪舍通风经常会被忽略。尤其是冬季,过度密封会使猪舍内空气质量变得很差,有害气体、粉尘等严重超标,易引发各种呼吸道疾病。也有的时候,因猪舍环境温度较低,漏缝地板猪床使仔猪腹部有持续的气流扰动,仔猪易出现腹泻,也影响仔猪的睡眠质量。

a. 金属网床面离地饲养

b. 塑料床面离地饲养

c. 断奶仔猪舍内景(金属网网上饲养)

d. 断奶仔猪舍内景(塑料网上饲养)

图 6.1 传统的断奶仔猪小圈饲养模式

断奶仔猪是猪一生中最活跃的时期。与其他时期猪的圈栏饲养模式一样,小圈饲养模式的圈栏环境贫瘠,生活空间相对不足,很易引起仔猪之间的争斗、啃咬等异常行为,爬跨圈栏的情况也十分常见。

6.2 断奶仔猪健康养殖工艺模式的类型及其特点

在断奶仔猪健康养殖工艺模式设计时,首先要了解这一阶段猪的生物学特点和行为习性以及生长发育对环境的要求,其次需要从解决传统小圈饲养模式下环境调控能耗高、冬季空气质量差不利于仔猪健康、圈栏环境贫瘠异常行为多、水冲清粪用水量大产生的污水多、人工干清粪劳动强度大等问题出发,提出适用的技术,进行相关的工程配套。在已有的养猪工艺模式中,能够符合断奶仔猪特点的健康养殖工艺模式主要有厚垫草饲养、发酵床饲养、舍饲散栏大群饲养等3类工艺模式。

6.2.1　断奶仔猪厚垫草饲养工艺模式

猪与生以来就喜欢钻在草堆中休息玩耍,利用草良好的保暖性维持自身体温。厚垫草饲养工艺模式(图6.2)是一种完全符合猪福利的健康养殖模式,第1章中已作过简要介绍。现代养猪生产中,常将这种模式用于饲养断奶仔猪和生长育肥猪。通常在地面上铺设20 cm左右厚的垫草,在饲养过程中视垫草的消耗程度以及潮湿程度,随时补充垫草。当猪群转出后,连同粪尿一起清除出猪舍。该模式不但可有效改善舍内的温度环境,猪躺在铺有垫草的地面上备感柔软、舒适,不会造成腹部受凉、猪蹄及体表损伤,而且使得猪舍环境的丰富度大大改善,能满足猪啃咬、磨牙、做窝、嬉耍等习性,同时还能给猪补充少量的营养元素。因而对断奶仔猪的健康和生长发育十分有利。但该模式也有一些缺点,在应用时须加以注意。主要存在以下几个问题:

①这种饲养模式中,猪通常在垫草上排泄,容易导致舍内湿度过大,引起各种病原微生物滋生,对猪群健康构成威胁;

②刚铺设或补充垫草时,易产生草屑颗粒使空气中粉尘浓度超标,对呼吸道造成危害;

③垫草使用量大,会增加饲养成本;

④垫草清洁消毒比较困难,卫生状况难以保证;

⑤垫草和粪便缠绕在一起,使得粪污后续处理难度加大,垫草中大量的木质素不易降解,会影响作为肥料利用时的肥效。

鉴于上述问题,这种工艺模式不太适合大规模场使用。

a. 采用稻草等作垫料　　　　　　　　　b. 采用锯末等经粉碎的垫料

图 6.2　厚垫草养殖工艺模式

6.2.2　发酵床饲养工艺模式

发酵床养猪又称"自然养猪法"或"生物环保养猪法",最初由韩国自然农业协会会长赵汉珪发明,在韩国、日本等地处亚寒带地区国家使用。1997 年吉林省将其引进国内。目前,在我国东北、山东等地得到了较广泛的推广应用。它是将锯末有机垫料,填充到猪舍内事先挖好的深坑中,填充后和地面一样平齐,厚度一般在 90 cm 左右。利用猪在垫料表面的活动,将猪排泄的粪便与垫料混合。经过一段时间后,垫床形成了上表为好氧、下部为厌氧的一个适于微生物生长繁殖的环境,通过微生物的作用将粪便等物质分解和转化,同时产生大量的发酵热。尿液等液体被垫料吸收,水分会随发酵过程产生的热量蒸发到环境中。为加快微生物的作用过程,有时会在垫料中添加一定比例的活性微生物制剂。发酵床养猪的特点是:

①节能环保,减轻劳动强度。利用发酵床自身产热维持舍内温度和躺卧区温度,不需要额外加热。无需清粪,不会产生污水,实现了污染物的"零排放",减轻了养猪业对环境的污染。

②有利于猪的活动,行为习性得到较好的满足,有利于提高猪自身的抗病力和免疫力,改善猪的健康水平,促进猪的生长发育。

③节省饲料和药费,猪可以从垫料中获得部分营养需要,可减少一部分饲料用量。利用猪自身健康水平的提高减少药物使用,既节约成本,又减少了猪肉中的药物残留。

④垫料可反复使用,形成的猪舍环境相对稳定。长时间的发酵,使垫料和粪便清出后可直接作为有机肥使用。

与厚垫草模式类似,发酵床养猪也存在一些诸如垫料来源不足、湿度过大、粉尘浓度过高、无法进行常规的防疫消毒等问题。另外,在温度较高的夏季,采用这种养殖模式会因垫料产生过多的发酵热导致舍温过高,猪无法在床上生活;冬季一旦饲养密度太小,或仔猪阶段排泄量不够,会影响垫料中微生物的正常繁殖和活动,导致产热量较少不足以维持适宜的舍温。

以此,这种模式比较适合于对舍温要求较高的断奶仔猪饲养或冬季比较寒冷的地区使用,但需注意冬季微生物产热不足的问题。

6.2.3 断奶仔猪舍饲散栏群养工艺模式

第 2 章中对舍饲散养健康养殖工艺模式的技术特点、需要解决的关键技术问题以及关键技术等进行了较为详细的分析。这种模式的设计思路,更多的是基于断奶仔猪的角度提出的。尽管断奶仔猪对环境的要求比哺乳仔猪相对低一些,在饲养管理中对人力的需求不及哺乳仔猪阶段和生长育肥阶段,但这一阶段的猪对环境、管理、饲养的要求远高于生长育肥阶段,必须引起足够的重视。通常,规模较大的猪场采用全进全出的断奶仔猪管理方式,在哺乳仔猪转入断奶仔猪舍前,需要对猪舍提前加温,特别是在冬季尤为重要;断奶仔猪转入一个新的环境中会表现得比较紧张,保温能力会降低。为使其能够快速适应环境,加温技术的应用绝对是必要的;为避免猪群的强弱差异对后期生长的不良影响,断奶仔猪需要在转群之初重新组群,为建立群体的等级秩序,会发生较多的争斗现象;群体中地位高的猪在进食、饮水、选择喜欢的躺卧地方具有优先权,圈舍设计时就需要有足够的条件来满足地位相对低的猪的需要。所有这些,在舍饲散养工艺模式中都给予了全面的考虑。如该工艺中的暖床,可满足猪身体不同部位温度要求,且可根据猪的生长发育过程进行温度调节;又如,圈舍内配置了一些必要的玩具或供磨牙、蹭痒、拱咬等的物件,可以在很大程度上转移猪进入新环境后的注意力,减少合群时的争斗。一旦争斗,无圈栏的通道为弱猪逃离提供了可能。在圈栏躺卧位置的配置中,确保每头猪有一个空间,且由于猪群较大,猪还可以自由选择"朋友"。此外,圈栏设计中还考虑了猪可自由选择不同饲料的料箱、充足的饮水器,有利于保持圈舍卫生的固定排泄区(猪厕所)和淋浴设备等。断奶仔猪是猪一生中学习最快、最好动的一个时期,大群饲养方式有利于猪的学习。在丰富的圈舍环境中,猪可以在较短的时间里达到适应。

6.3　舍饲散栏群养模式工艺设计

6.3.1　群养规模的确定

断奶仔猪群体组建,要以生产节律为前提,按照全进全出的方式,分单元进行。规模较小的猪场,每个单元的猪群大小以每周转群的数量来定,可以将刚转群的猪饲养在本单元的部分圈栏内大群饲养,随着猪龄的增加和猪对饲养面积要求的加大,以及猪只之间的发育速度差异,将弱小的猪从该圈中挑出,放在该单元中的空圈中饲养,到断奶仔猪饲养至 70 日龄左右,每个猪群的大小保持在 40～80 头。

6.3.2　圈栏面积计算

断奶仔猪饲养的圈栏数量,可根据每周转群猪的数量,按照 40～80 头/圈加以确定。圈栏面积则根据 70 日龄时猪要求的饲养面积而定。根据公式 2.1,计算断奶仔猪阶段满足采食、躺卧、排泄、活动的面积。计算原则:

①按照 70 日龄、体重 25 kg 计算,每头断奶仔猪理论需要的采食、躺卧、排泄、活动的面积分别为 0.17 m²、0.42 m²、0.17 m²、0.94 m²。

②按每 10 头猪共用一个采食空间,躺卧面积应按同时躺卧的要求配置。排泄区按同时供 2 头猪使用的面积,即 0.34 m²,20 头配 1 个,40～60 头配 2 个,80 头及以上配 4 个。

③活动区应考虑在 2 头以上猪进行社交活动的同时,周边还有猪可以单独通过,满足猪正常社交活动面积应该在 1.88 m² 左右。或者说圈栏中在摆放食槽、猪床等设备可以通行的地方,至少应能保证 1 头猪的体长间隔。在活动区设置时,可将采食、排泄、活动区统一考虑。如果采食、排泄区的面积合计已超出活动区面积要求时,则可不单独考虑活动区的面积要求。

依据这些原则,不同群养规模的圈栏理论面积要求见表 6.1。可以看出,随着群体规模的加大,每头猪的实际饲养面积有所减少。但对于每头猪来说所需的生活空间都能得到充分的保证。

表 6.1　舍饲散养群养模式中断奶仔猪的理论面积要求　　　　　m²

功能区	猪群大小/头					
	20	40	60	80	100	200
理论需要						
采食	0.34	0.68	1.02	1.36	1.70	3.40
躺卧	8.40	16.80	25.20	33.60	42.00	84.00
排泄	0.34	0.68	0.68	1.36	1.36	1.36
活动	1.88	1.88	1.88	1.88	1.88	1.88
合计	10.96	19.96	28.78	38.20	46.94	90.64
实际需要	10.28	18.68	27.08	36.32	45.06	88.76

6.3.3　舍饲散栏群养工艺模式中的圈栏设计

图 6.3 是舍饲散养工艺中为 80 头群体的断奶仔猪设计的圈栏,暖床、暖床之间的距离、排泄区、采食位置等是按照猪的体尺确定的。70 日龄时,猪的体长为 70～80 cm,体宽 18～22 cm。因此,确定暖床的尺寸为 2.1 m×0.8 m×0.6 m,每个暖床中可容纳 10 头猪躺卧。暖床之间的距离应能保证 2 头猪进行社交活动时的间距要求,即 1.5 m 左右,排泄区(猪厕所)的尺寸为 0.8 m×0.8 m。采食槽设置在净道侧,食槽与暖床之间的距离在 0.8 m 左右。玩具、蹭痒架、沙袋等安置在暖床之间,若为自动送料,也可将食槽安置在这一区域。这样,饲养 80 头断奶仔猪的圈栏尺寸约为 6 m×6 m。其饲养面积与理论需要的面积基本一致。

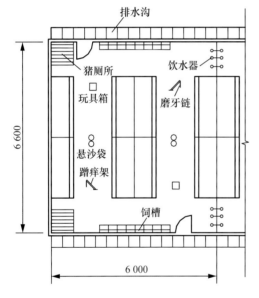

图 6.3　断奶仔猪圈栏平面图

可见,传统的圈栏饲养模式中,要求最小的饲养面积约为 0.3 m²[59],比猪基本的躺卧面积要求(0.42 m²)还少 0.12 m²。因此,这种饲养模式中,猪的很多行为需求是无法满足的。而在断奶仔猪舍饲散栏群养工艺模式中,给予每头猪的实际饲养面积比一般传统的圈栏饲养面积要大,尽管该工艺中的仔猪暖床、排泄区都是固定设施,不能兼作猪的活动面积。但由于群体较大,除了所有的生活基本要求能够得到完全满足外,对于每头猪来说能享受到很大的活动空间,因而完全符合健康养殖工艺模式中对生活空间的需求。由表 6.1 看出,随着群体规模的加大,每头猪的实际饲养面积有所减少。

6.3.4　不同规模猪场断奶仔猪舍的单元及圈栏配置

表 6.2 给出了不同规模猪场断奶仔猪舍的单元及圈栏配置。在单元与圈栏配置时,假

定生产节律是1周,以周为一个单元,断奶仔猪的饲养时间为29~70日龄。对于每个圈栏猪群大小,可根据实际需要选择20~200头均可。需要指出的是,如果采用舍饲散栏群养模式,建议这一阶段的群体大小以不小于40头为宜。

表6.2 不同规模猪场以周为生产节律的断奶猪舍单元及圈栏配置

猪场规模	断奶仔猪存栏/头	单元数/个	单元饲养量/头	圈栏饲养量/头	每单元圈栏数
年出栏5 000头	600	6	100	40	3
年出栏10 000头	1 200	6	200	80/40	3/5
年出栏20 000头	2 400	6	400	80/40	5/10
年出栏50 000头	6 000	6	1 000	80/40	13/25

在进行生长断奶仔猪舍工艺设计时,应注意以下几点:

①尽可能按单元实施全进全出,实在无法实施的,则可在一栋猪舍中安排几个单元,单元之间应该有所分隔。

②一栋猪舍中容纳的猪的数量最好与饲养员的劳动定额匹配。

③猪舍内选用单列双(或单)走道布置,保证暖床长度方向与猪舍轴线垂直,以利于圈栏内的通风。

④对于1万头的规模猪场,建议每3个单元建1栋猪舍;2万头的规模猪场,建议每2个单元建1栋猪舍;5万头以上的规模猪场,建议每个单元建1栋猪舍。

⑤表6.2中每个圈栏的群体大小是按照舍饲散养工艺提出的一个推荐值,具体可以根据实际生产情况和管理水平以及设备配置而定。

6.3.5 规模猪场(年出栏2万头)断奶仔猪舍工艺设计方案举例

对于一个年出栏2万头肉猪的规模猪场,每周转群的断奶仔猪400~410头,在断奶仔猪舍的饲养周期为6周。

①采用暖床系统的舍饲散养饲养工艺。猪群大小:40头/圈。

②每个单元圈栏数10个。圈栏尺寸:6.0 m×3.0 m;圈栏长度方向与猪舍轴线呈垂直布置。

③躺卧区设在两侧,共4个暖床,每个暖床容纳10头。躺卧区地面铺设加温地板,地板下铺设水暖管道,可通过调节流量和通水时间来满足温度要求。

④躺卧区之间,共放置2个长方形两边自动采食槽,共8个采食位,采食间距15 cm,由料线统一供料。提供2个蹭痒架及吊挂铁链等福利性设施。

⑤单列单走道布置形式,走道为污道。

⑥靠近污道侧统一铺设微缝地板。设1个独立的排泄区,排泄区与活动区砌一矮隔墙。采用粪尿分离干清粪技术。排泄区相对的一侧安装4个乳头饮水器。

⑦每栋猪舍安排2个单元,饲养量800~820头/栋。猪舍长×宽为68 m×7.5 m,建筑面积510 m²。

⑧整个猪场共需配同样尺寸的断奶仔猪舍3栋,建筑面积合计1 530 m²。

⑨猪舍为密闭式有窗舍结构,以方便舍内的环境调控。

⑩舍饲散栏群养的断奶仔猪舍工艺设计方案见图6.4。

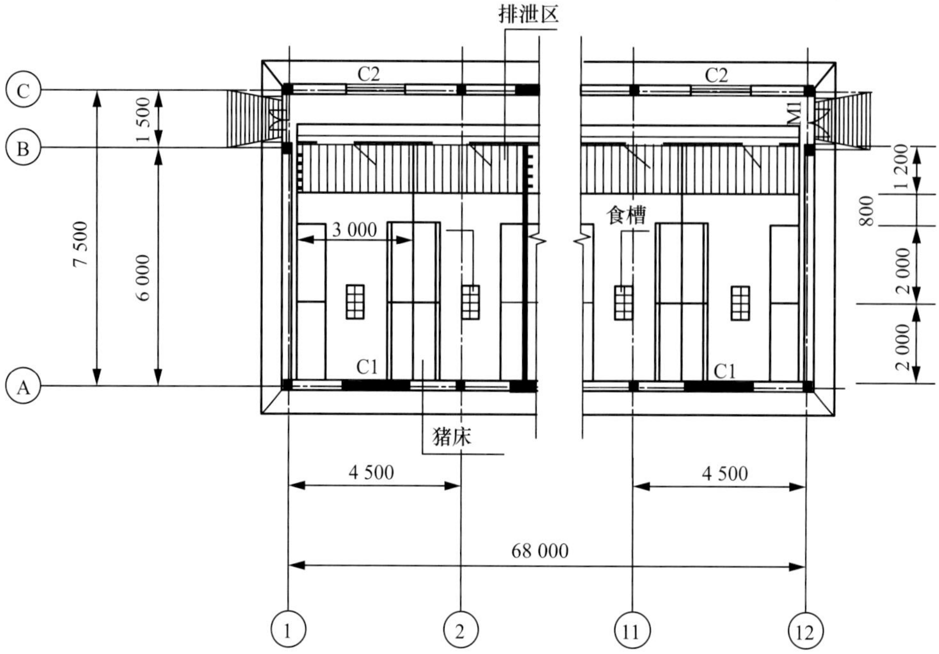

图6.4 舍饲散养模式的断奶仔猪舍工艺设计方案

6.4 断奶仔猪阶段关键技术应用效果分析

6.4.1 暖床局部加温效果及其对断奶仔猪生长发育的影响

1. 挂帘对暖床内部温度的影响

采用地板水暖加热系统的暖床,其内部温度会受到舍内温度、暖床挂帘的影响。表6.3统计了在仔猪转入前空舍运行条件下暖床挂帘对内部温度的影响情况。可以看出,未挂帘时,暖床内部内外侧温差为1.8℃,挂帘后仅为0.5℃。

表6.3 空舍运行条件下挂帘对暖床内部温度的影响

项 目	温差/℃	
	未挂帘暖床	挂帘暖床
舍内外	10.1±2.3	6.4±2.5
暖床外侧与舍内	1.6±0.6	4.0±2.3
暖床内侧与舍内	3.4±1.1	4.6±2.4
暖床内部内外侧	1.8±0.6	0.5±0.2

为了解在实际饲养中暖床挂帘对舍内温度的影响,对仔猪进舍后的舍内外温度及暖床

内部温度进行了连续 1 个月的监测。在舍内温度13.0℃、舍内外外温差 11.6℃下,挂帘后暖床内部的温度(28.6℃)较未挂帘时提高了 10.7℃。表明挂帘可有效提高暖床的保温性能,从而使暖床的局部环境温度维持在较高的水平。

2. 暖床对仔猪增重和饲料利用的影响

试验期间,对 80 头 40 日龄断奶仔猪的增重和饲料情况进行了统计。在舍内温度13.0℃,暖床内部温度 28.6℃下,41～65 日龄的平均日增重为(501±23)g/头,料重比为 1.96。这一结果与殷宗俊等在整舍温度为 25℃的结果基本一致,表明在保证局部躺卧温度的条件下,适当降低舍内温度不会对断奶仔猪的生产性能产生影响[60]。

6.4.2　福利性设施对断奶仔猪行为的影响

断奶仔猪在转入新舍后,如果饲养环境贫瘠,则会表现出较多的拱地、拱腹、啃咬圈栏、咬尾等异常行为和咬斗同伴等攻击性行为,也不利于正常社交行为的发展。许多学者的研究结果表明,若在圈栏内提供泥土、垫草和玩具等福利性外部刺激物来丰富圈栏环境,可减少异常行为的发生。

在舍饲养殖工艺模式中,有专门为仔猪提供的蹭痒架、铁链、拱槽等相关福利性设施。下面就福利性设施对猪的行为表达的影响进行分析。

1. 断奶仔猪的基本生存行为表达与活动行为的关系

表 6.4 统计了河北某猪场在 12 月份至翌年 1 月份期间,舍饲散养模式下的断奶仔猪在一天中主要行为表达的发生时间。可以看出,夜间主要为躺卧行为的表达,其他行为很少出现。白天仔猪的行为表达比较复杂,发生的时间也有所不同。如躺卧休息行为的低谷时段正是采食、排泄等行为表达的高峰时段,而猪的主要活动行为通常是要在满足充分的采食、饮水、排泄等基本生存要求之后才会进行。因此,圈栏环境中提供躺卧、采食、饮水、排泄等最基本的生存环境条件,对其正常行为的表达是最重要的。需要注意的是,采食行为高峰的出现在很大程度上取决于喂料的时间以及自然光周期的变化,一般在日出后开始喂料作业会立刻引起采食高峰的到来。而排泄高峰则主要发生在采食前、采食中和采食后相对集中的时间段内。因而,为改善舍内的空气质量,可选择在喂料30 min 后清粪。

表 6.4　冬季断奶仔猪主要行为表达的峰值时段

行为峰值时段	发生的时间
躺卧行为低谷时段	08:45—09:30、13:45—14:45 和 17:00—19:15
行走行为高峰时段	14:00—15:00 和 17:00—19:00
采食行为高峰时段	08:45—09:30、13:45—14:30 和 17:15—19:30
饮水行为高峰时段	14:00—14:15 和 16:00—20:00
排泄行为高峰时段	08:15—08:30、14:00—14:30 和 17:15—19:15
其他行为高峰时段	13:30—14:45 和 17:00—19:30
躺卧行为高峰时段	20:00—8:00

表 6.5 统计了不同日龄仔猪各种行为表达上的差异。可以看出,断奶仔猪阶段猪躺卧行为的需求没有大的变化,一天中需要用 80% 左右的时间用于睡眠。白天用于采食、排泄的时间随随日龄增大而增加($P<0.05$),而行走等活动行为则会随日龄增大而减少($P<0.01$),除刚断奶时用于饮水的时间较少外,其饮水行为基本保持不变。

断奶仔猪不会因为圈栏环境丰富的丰富度增加而影响对基本生存行为的表达,每天用于其活动的行为表达时间也不会因为圈栏环境丰富度的增加而增加。也就是说,猪把白天非睡眠期的时间主要用于吃、喝、拉、撒上,随着猪的日龄的增大,猪会渐渐变得不爱活动。

表 6.5　日龄对断奶仔猪各行为的影响

行　为	采样时段行为比例/%			
	1 周	2 周	3 周	4 周
躺卧行为	81.2±1.2ª	79.1±0.9ªᵇ	79.2±1.4ªᵇ	76.9±1.1ᵇ
行走行为	3.5±0.4ª	3.6±0.3ª	1.5±0.2ᵇ	1.0±0.1ᵇ
采食行为	10.3±0.5ª	11.2±0.5ª	11.6±0.5ª	13.8±0.6ᵇ
饮水行为	1.4±0.2ª	1.9±0.1ᵇ	1.7±0.1ᵇ	1.6±0.1ᵇ
排泄行为	0.5±0.1ª	1.1±0.1ᵇ	1.5±0.3ᵇᶜ	1.9±0.1ᶜ
其他活动行为	3.1±0.3ª	3.2±0.2ª	4.4±0.7ªᶜ	5.0±0.4ᵇᶜ

注:表中同行数据上标无相同字母表示行为在周与周之间具有显著性差异($P<0.05$)。

2. 福利性设施对猪活动行为方式的影响

断奶仔猪在圈栏群养条件下,其活动行为方式主要有行走、站立和啃咬圈栏或同伴。表 6.6 统计了舍饲散养工艺模式下猪的其他活动行为表达方式上的差异。在舍饲散养工艺模式中,尽管猪每天的活动时间不会增加,但圈栏福利性设施的配置,使猪的活动方式发生了改变。这种工艺中,猪采取的活动方式主要是拱土、磨牙、啃咬玩具等,虽然也有较多的啃咬同伴和其他物品的行为发生,但像咬尾、爬跨等伤害同伴的行为基本没有发生。表明在断奶仔猪舍添加福利性设施,对形成仔猪健康的活动方式,防止异常行为的产生是非常有效的。

表 6.6　舍饲散养工艺模式下猪的其他活动行为表达方式　　　　　　　　%

活动行为类型	行为发生比例
站立	35.45±3.13
磨牙	10.71±0.03
蹭痒	1.28±0.01
撞击玩具袋	0.26±0.00
拱地	24.74±0.10
啃咬玩具箱	6.38±0.04
啃咬圈栏及栏杆	3.83±0.02
啃咬同伴	12.76±0.05
爬跨	0.00±0.00
咬尾	0.00±0.00
啃咬其他	4.59±0.03

第**7**章

生长育肥猪健康养殖工艺模式

7.1 生长育肥猪传统养殖工艺模式的特点

仔猪生长到 70 日龄、体重 22～25 kg 时，即转入生长育肥猪舍。传统的生长育肥猪多为小群圈栏饲养模式。这种模式基本上参考美国 20 世纪 70 年代提出的集约化工业化养殖模式，一般采用一窝一栏，一个圈栏饲养 8～10 头，每头猪占栏面积为 0.6～1.0 m²。近几年来，也有采用两窝一栏，饲养 18～20 头/栏。由于这一阶段猪对环境的适应能力较强，实际生产中，为了节约投资，所用的生长育肥栏相对比较简单，地面采用实体地面或漏缝地板，圈栏内除了配置有 3～4 个采食位置的公用食槽、一个鸭嘴式饮水器外，没有其他任何设施(图 7.1)。这种模式的优点是饲养密度高，便于管理，投资较低。但由于没有考虑猪的行为特点和生理需要，较小的圈舍面积无法保证每头猪有足够的生活空间，也不能进行较好的功能分区，加之对生长育肥舍的环境调控缺乏应有的重视，往往圈舍环境较差，不利于猪的健康和生长发育。因此，寻求一种适于生长育肥猪的健康养殖工艺模式，为这一阶段的猪只创造良好健康的生活环境，这对提高养猪生产水平和猪肉产品品质具有重要意义。

a. 塑料地板的育肥栏   b. 实体地面育肥栏

图 7.1 传统养殖模式下的育肥栏

7.2 生长育肥猪健康养殖模式建立

7.2.1 健康养殖模式建立的理论基础

与其他阶段的猪一样,生长育肥猪健康养殖模式的建立也需要根据这一阶段猪的生物学特点和行为习性进行设计,需要同时关注猪的生理、心理、行为以及对环境的需求。

在自然条件下,断奶仔猪、生长育肥猪到达一个新环境后,都会通过探究、学习行为,以及辅以必要的调教,就能形成睡觉、采食、排泄三点定位。猪一般会选择远离睡觉的区域进行排泄,且排泄地点一旦固定以后轻易不发生变化。利用这一习性,在生长育肥栏内可以设计一个专门的猪的排泄区域,就可保持圈栏内猪采食和休息区域的卫生,并可减少干清粪的工作量。

猪的社会性较强,群居环境对猪的采食、生长都非常有利,尤其是育成育肥阶段的猪,更适合于群养,这也是目前传统养猪工艺模式的理论基础。但由于这一阶段猪舍和圈栏设施过于简单,环境贫瘠,不利猪表现其正常行为,猪长期生活在这样的环境中,容易产生恶癖,引起群内争斗,影响猪群和谐。另外,如果育肥猪的饲养密度(由猪群大小和占地面积确定)过大,则会导致群内咬斗次数和强度升级,站立活动时间增长,咬尾、咬耳、强弱争食等明显增多。因此,在进行生长育肥猪健康养殖工艺模式的圈栏设计时,要注意群体大小的适当以及合理的饲养密度。

在工艺模式设计中,除了满足躺卧、活动、采食、饮水、排泄等基本行为外,还应该关注动物的探究行为能否得到表达。特别是在刚转群时,猪对地面或舍内的物体会表现出强烈的好奇心,通过嗅、听、看、尝、啃、拱等感官表现进行探究。由于传统的养殖模式中几乎都不会设置除了采食、饮水以外可供猪表现其探究行为的设备或设施,诱使生活在其中的猪产生咬尾、咬耳、啃咬饲养设备或拱啃其他猪等异常行为。因此,在健康养殖工艺模式设计时,需要在圈栏内为猪配置一些可以让其探究的物体,如链子、垫草或其他不可食的咀嚼物等。此外,为防止日常管理中各种应激源对猪产生不利的影响,可通过播放音乐、放置可产生悦耳声音的玩具球等设施,以屏蔽不良应激。

依据上述理论,实现生长育肥猪的健康养殖,主要集中圈栏的设计与圈栏内设施设备的配置。理想的圈栏应该有相对独立的功能分区,即躺卧区、采食区、排泄区、活动区,要有足够的生活空间避免过高的饲养密度,圈栏内除了具有较好的食槽、饮水设备外,还应有供猪表现探究、玩耍、磨牙或其他抗应激的设施,如玩具球、铁链或垫草等。

7.2.2 生长育肥舍健康养殖模式具备的条件

①以群养为基础,提供足够的饲养面积,确保圈栏内有相对独立的功能分区。
②配置福利性设施,丰富圈栏内的环境,减少猪群之间的争斗、啃咬等异常行为的

发生。

③采用局部温度调控措施,如提供暖床、调温地板、在躺卧区上方加盖保温幕等。

④排泄区采用微缝地板或漏缝地板,以保持舍内的清洁卫生。

7.3 生长育肥猪健康养殖模式设计

7.3.1 群养规模与圈栏面积的确定

生长育肥猪群养规模大小,主要考虑在尽可能节约占地面积的前提下,能够使猪获得一个合理的生活空间。同时,要考虑自动化程度和管理水平。通常,群养规模越大,每头猪获得的相对生活空间也越大,圈栏内设施设备的利用效率也越高。但过大的群体会妨碍猪群的社会行为建立,而且对管理要求较高。在群体组建时,必须考虑每周转群的猪的数量,以及饲养人员的劳动定额。将同一单元的猪群体划分为若干个小群。在圈舍配置时,需要将同一单元的猪群安排在同一猪舍相邻位置,便于管理和周转。目前,国外生长育肥猪的群养规模一般都较大,有的可以达到200头/群甚至1 000头/群;国内一般认为生长育肥阶段猪群大小以20～40头较为合适。

为保证健康养殖工艺的实施,对生长育肥猪的圈栏也要进行功能分区,即分采食区、躺卧区、排泄区和活动区。生长育肥猪一般为自由采食,一般可按照每4头猪共用一个采食空间;由于猪每天约80%的时间处于躺卧状态,因而躺卧面积应按同时躺卧的要求配置;排泄区一般考虑每20头猪配置1个可同时供2头猪使用的面积。活动区应考虑在2头以上猪进行社交活动的同时,周边还有猪可以单独通过。群养条件下,要保证猪之间正常的社会交往以及其他猪只的自由活动,活动区域的最小面积应该按图7.2计算,也即满足猪正常社交活动面积应该在12～13 m²。或者说圈栏中在摆放食槽、猪床等设备可以通行的地方,至少应有3 m的间隔。依据这些原则,结合公式2.1,对生长育肥猪,按出栏时体重90 kg计算,每头猪理论需要的采食、躺卧、排泄、活动的面积分别为0.40 m²、1.00 m²、0.40 m²、2.20 m²,就可对不同群养规模的圈栏基本面积加以确定(表7.1)。

可见,采用10头、20头、40头为一个群养单元,若能完全满足各功能区的要求,则每头猪平

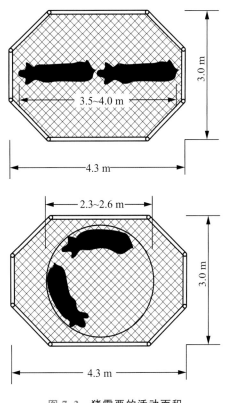

图7.2 猪需要的活动面积

均占栏面积分别达到 2.3 m²、1.65 m²、1.32 m²，而采用 80 头以上为一个群养单元的，则占栏面积只需考虑采食、躺卧、排泄的占地需要，即能够确保猪活动时的空间要求。由此表明，采用 40～80 头饲养生长育肥猪，既能符合健康养殖要求，又可以最大限度地减少占栏面积，提高饲养密度和生产效率，为较为合理的群养规模。

表 7.1　生长育肥猪不同群体规模的圈栏面积要求　　　　　　　　　　　m²

功能区	生长育肥猪饲养规模/头					
	10	20	40	80	100	200
理论需要						
采食	1.20	2.00	4.00	8.00	10.00	20.00
躺卧	10.00	20.00	40.00	80.00	100.00	200.00
排泄	2.00	2.00	4.00	8.00	10.00	20.00
活动	13.00	13.00	13.00	13.00	13.00	13.00
实际需要	23.00	33.00	53.00	96.00	120.00	240.00
平均每头猪占栏面积	2.30	1.65	1.325	1.20	1.20	1.20

7.3.2　圈栏尺寸设计

生长育肥猪群养时，圈栏尺寸也是根据猪群的大小、每头猪的饲养面积、配置的设备尺寸等加以确定。结合猪定点排泄的习性要求，采用（1.5～2）:1 的长宽比的矩形圈栏最为理想。圈栏长度或宽度的尺寸，主要考虑猪群躺卧区域所在的位置以及猪躺卧的方向。另外，如果在猪群比较大时，可能会造成猪群之间较多的争斗。根据经验，一般认为 20 头以下的猪可以在同一区域躺卧，20 头以上则最好设 2 个及以上的躺卧区域。假设猪躺卧方向与圈栏长度方向平行，猪的躺卧区设在某一端，则圈栏宽度以保证每头猪有 35 cm（体宽）左右的躺卧位置，这种配置比较适合于 20 头/群的圈栏（图 7.3）；假设与圈栏长度方向垂直，主的躺卧区布置在两侧，则圈栏宽度应该以 2 头猪的体长（2.5～3.0 m）以及暖床之间留出 3 m 的自由活动空间来考虑，其圈栏宽度不应小于 5.5 m，这种配置适合于群体大小 20 头/群以上的圈栏。根据这种思路，就可以得出不同群体大小的适宜圈栏尺寸，见表 7.2。需要说明的是，对于两侧或中间布置躺卧区时，需要配置暖床（图 7.4）。否则猪不会按照认为规定的要求将两侧或中间区域作为躺卧区的。由于生长育肥猪后期对保温没有过多要求，为降低圈栏内的设备，最好将生长育肥猪按育成（71～126 日龄）、育肥（127 日龄～出栏）分开饲养。

表 7.2　生长育肥猪不同群体大小理想的圈栏尺寸设计

圈栏尺寸	每圈群体大小/头				备　注
	10	20	40	80	
圈栏面积/m²	23.00	33.00	53.00	96.00	当群体大小为 80 头时，应将躺卧区域设为 4 个，即两侧各 1 个，中间 2 个。排泄区设 2～4 个
圈栏长度/m	6.8～5.90	8.0～7.0	9.6	9.6～8.7	
圈栏宽度/m	3.4～3.9	4.1～4.7	5.5	10～11	

图 7.3 生长育肥猪的躺卧区设在圈栏一端

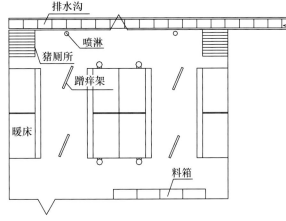

图 7.4 适于 40～80 头群体采用暖床的舍圈栏布置

7.3.3 不同规模猪场生长育肥舍单元及圈栏配置

按照 1 周为生产节律的规模猪场,生长育肥猪的饲养时间不完全相同。一般从 71 日龄开始计算,出栏时间在 150～180 日龄之间不等(主要取决于饲养条件、生产水平等)。也有一些专门的饲养场,生长育肥猪开始饲养的时间在 60～65 日龄。本文中以平均水平考虑,设生长育肥猪的饲养日龄为 71～164 日龄,分别计算单元数、每个单元猪的饲养量、选择的圈栏群体大小,以及每单元圈栏数量见表 7.3。对于每个圈栏猪群大小,推荐使用 20、40 和 80 头。其中以 40 头/圈在饲养面积、圈栏长宽比方面最为理想。

表 7.3 不同规模猪场以周为生产节律的生长育肥舍单元及圈栏配置

猪场规模	存栏量/头	单元数/个	单元饲养量/头	圈栏饲养量/头	每单元圈栏数/个
年出栏 5 000 头	1 400	14	100	40/20	3
年出栏 10 000 头	2 800	14	200	40	5
年出栏 20 000 头	5 600	14	400	40	10
年出栏 50 000 头	14 000	14	1 000	40	25

在进行生长育肥舍工艺设计时,需要注意以下几点:①从工程防疫的角度,应尽可能按单元实施全进全出。②实在无法实施的,则可在一栋猪舍中安排几个单元,单元之间应该有所分隔,单元的数量最好与饲养员的劳动定额匹配。③如果猪舍内选用双列布置的,则每个单元的圈栏数最好按偶数配置。④对于 1 万头的规模猪场,建议每 2 个单元建 1 栋育肥舍;2 万～5 万头的规模猪场,建议每 1 个单元建 1 栋育肥舍。⑤表 7.3 中每个圈栏的群体大小是按照群养条件下能实现较高生产效率的一个推荐值,具体究竟采

用多大群体以及每栋猪舍设置几个单元,还需要结合用户要求以及管理技术水平加以确定。

7.3.4 规模猪场(年出栏2万头)生长育肥猪舍工艺设计方案举例

表7.3是依据生长育肥猪71~164饲养日龄的育肥猪舍工艺要求得出的计算结果。对于一个年出栏2万头肉猪的规模猪场,每周转群的生长育肥猪400头,在育肥猪舍的饲养周期为14周。

1. 方案一

①采用暖床系统的舍饲散养饲养工艺,每圈猪群大小:40头/圈。

②每个单元圈栏数10个;圈栏尺寸:10 m×5.5 m;圈栏长度方向与猪舍轴线呈垂直布置。

③躺卧区设在两侧及中间,共8个暖床,每个暖床容纳5头。

④躺卧区之间,共放置2个长方形两边自动采食槽,每个食槽可同时有8头猪采食,采食间距30 cm,由料线统一供料。提供2个蹭痒架及吊挂铁链等福利性设施。

⑤躺卧区地面铺设降温地板。

⑥单列单走道布置形式,走道为污道。

⑦靠近污道侧统一铺设微缝地板。设2个独立的排泄区,排泄区采用粪尿分离干清粪技术;排泄区之间安装4个乳头饮水器。

⑧每栋猪舍安排1个单元,饲养量400头/栋;猪舍长×宽为60 m×11 m,建筑面积660 m²。

⑩配置暖床的猪舍,宜采用简单的棚舍。

整个猪场共需配同样尺寸的育肥猪舍14栋,建筑面积合计9 240 m²。

2. 方案二

①采用舍饲散养饲养工艺,每圈猪群大小:71~126日龄:40头/圈,127日龄至出栏:20头/圈。

②每个单元圈栏数10个;圈栏尺寸:8.10 m×6.00 m;圈栏长度方向与猪舍轴线呈垂直布置。

③躺卧区设在端头,圈栏上方加盖一层保温幕。地面铺设调温地板。

④靠近污道侧为排泄区,统一铺设微缝地板。设1个独立的排泄区,排泄区采用粪尿分离干清粪技术;与排泄区对应的另一侧安装2~4个乳头饮水器。

⑤躺卧区与排泄区之间为活动区,排泄区与活动区之间设一隔墙;在活动区内吊挂铁链等福利性设施;放置自动圆形食槽1个,可同时供6头猪使用,每头猪采食位置30 cm,由料线统一供料。

⑥单列单走道布置形式,走道为污道。

⑦每栋猪舍安排1个单元,饲养量400头/栋。猪舍长×宽为64 m×9.5 m,建筑面积608 m²。

⑧整个猪场共需配同样尺寸的育肥猪舍14栋,建筑面积合计8 512 m²。

⑨生长育肥舍猪舍工艺布置及平面设计方案见图 7.5;以此方案建成的猪舍示例见图 7.6。

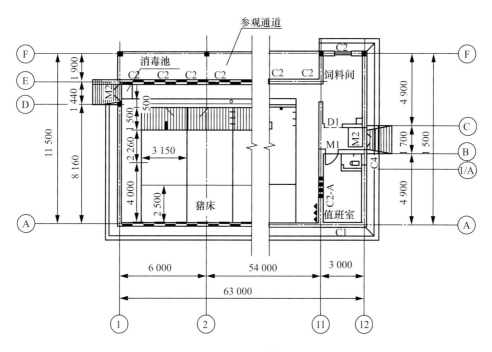

(a) 平面图

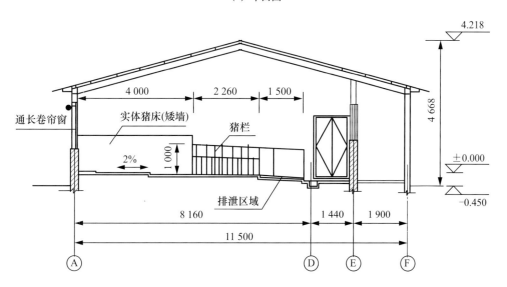

(b) 侧立面图

图 7.5 育肥舍工艺设计方案二

a. 猪舍外景一   b. 猪舍外景二

c. 猪舍内景一   d. 猪舍内景二

图 7.6　按散养工艺模式建成的某猪场舍饲育肥猪舍

7.4　福利性设施对生长育肥猪健康养殖的应用效果分析

在圈栏中添加福利性设施作为生长育肥猪就健康养殖模式中的核心内容之一,其出发点是通过对圈栏环境丰富度的改善,来促进猪的生产性能提高、增进猪的健康状况,进而为生产优质高品位猪肉产品奠定基础。为验证其效果,以现有传统的圈栏饲养条件为基础,在圈栏内添加了铁链、玩具球、拱槽等福利性设施(图 7.7),并设置了 7 种不同的组合方式,进行了相关的试验研究。

a. 塑料绳   b. 铁链和塑料绳   c. 玩具球

图 7.7　育肥舍使用的福利性设施

将体况相似、胎次相同、体重相近的 70 日龄断奶仔猪 320 头(公母各半),随机分为到同一栋猪舍的 16 个圈栏中,每个圈栏的饲养量为 20 头,圈栏尺寸为 4.5 m×4.5 m,饲养密度约为 1.01 m²/头。按照表 7.4 的环境丰富度配置方式分 8 个处理、每个处理设 1 重复,对试验组、处理组的圈栏进行随机分配。采用同样的饲养管理技术,饲养至 150 日龄。试验期间记录猪的初始体重、末重、全程耗料、发病情况以及猪的活动行为等。试验结束后进行屠宰性能指标及相关肉质指标的测定。

圈栏为水泥实体地面,靠近走道的一端中央设置料槽,靠近纵墙的另一端设置乳头式饮水器,安装饮水器位置沿圈栏纵向设置宽 70 cm,深 25 cm 的排尿沟,尿沟上方敷设铸铁漏缝地板。与圈栏地面找平。整个地面朝尿沟方向有 1.5% 的坡度。圈栏内各种设备及福利性设施的相对位置见图 7.8。

表 7.4　各处理组不同的福利性设施配置

环境丰富度	组　别	铁　链①	玩具球②	拱　槽③
0	对　照	—	—	—
1	处理 1	＋	—	—
	处理 2	—	＋	—
	处理 3	—	—	＋
2	处理 4	＋	＋	—
	处理 5	＋	—	＋
	处理 6	—	＋	＋
3	处理 7	＋	＋	＋

注:—表示不设置,＋表示设置。

①直径 5 mm 镀锌钢筋焊接而成,长约 30 cm,重约 2 kg;②玩具球:市售硬质塑料儿童玩具球,直径约 20 cm;③拱槽:长×宽×高＝40 cm×30 cm×30 cm 的水泥槽,内装直径 2~4 cm 的鹅卵石。

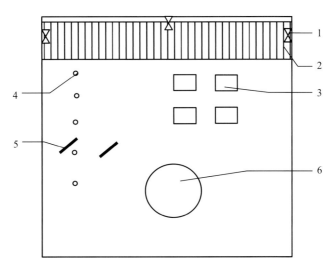

图 7.8　圈栏内福利性设施布置示意图

1. 饮水器　2. 排尿沟,上方敷设铸铁漏缝地板　3. 拱槽　4. 铁链/玩具球悬挂处　5. 蹭痒架　6. 料槽

7.4.1 福利性设施对健康的影响

表7.5反映了配置不同丰富度的福利性设施对猪发病、腹泻、死淘等的影响程度。可以看出，只要在圈栏中添加福利性设施，对降低猪的发病率、腹泻率以及死淘率均有显著效果。同时添加多种福利性设施（铁链、玩具球、拱槽）较添加单一设施或其中的两种福利性设施，在降低发病率方面效果更为突出。表明圈栏内添加福利性设施对育肥猪的健康是非常有利的。

图 7.9　生活于 3 种福利性设施(右)与无福利性设施(左)猪的胃黏膜比较

此外，随机抽取每个处理 8 头猪，着重对宰后猪的胃黏膜进行了观察。发现圈栏内没有福利性设施的猪约 75% 有胃黏膜出血情况，其中有 1 头表现为严重溃疡，4 头表现为胃黏膜角质化。而添加福利性设施后这种情况有很大改善，尤其是圈栏内同时配置 3 种设施的，8 头猪中只有 1 头有轻微出血症状(图 7.9)。可见，福利性设施增加了猪对环境的适应性和抗应激能力。

7.4.2 福利性设施对生产性能的影响

表 7.6 统计了圈栏内添加不同福利性设施对猪增重、耗料等的影响效果。在圈栏内没有任何福利性设施，以及添加 1 种、2 种、3 种福利性设施后，猪生长至 150 日龄时，其平均体重分别为 82.83 kg、85.21 kg、87.41 kg、88.32 kg；日均耗料分别为 2.38 kg、2.41 kg、2.36 kg、2.28 kg，料重比分别为 3.47：1、3.35：1、3.15：1、2.99：1。添加福利性设施后，猪的日增重比无福利性设施时分别提高了 4.78%、9.14%、10.84%，平均每增重 1 kg 饲料消耗分别减少了 3.46%、9.22%、13.83%，均呈显著性差异。这些结果与 Schaefer、Jantina 的研究结果一致[61]。表明，圈栏内配置福利性设施，增加了猪生活环境的舒适性，降低了贫瘠舍饲环境的不利影响，使猪的生产性能得到了更好地发挥。圈栏内福利性设施配置越多，猪的生产性能表现越好。

7.4.3 福利性设施对胴体品质及猪肉品质的影响

从表 7.7 中看出，圈栏内设置福利性设施，有利于猪屠宰率的提高，其中，以同时配置 3 种福利性设施的屠宰率最高，较无设施时提高 10.92%($P < 0.05$)。在都配置福利性设施的条件下，设施多少对屠宰率的影响差异不明显。

通常，背膘的厚度与胴体品质关系密切，背膘越薄，瘦肉率越高，胴体品质越好。由表 7.7 可知，增加圈栏内的福利性设施，可以降低猪背膘厚，有利于胴体品质的提高。在圈栏

表 7.5 福利性设施对育肥猪健康的影响

%

项目	丰富度0	丰富度1				丰富度2		丰富度3
	对照	处理1	处理2	处理3	处理4	处理5	处理6	处理7
中猪								
发病率	6.14±0.15[a]	5.15±0.22[b]	5.73±0.14[a]	4.74±0.07[bc]	4.95±0.07[b]	4.79±0.15[bc]	4.79±0.30[bc]	4.43±0.37[c]
腹泻率	4.80±0.15[a]	4.11±0.08[bc]	4.54±0.22[ab]	4.01±0.07[c]	4.17±0.15[bc]	3.96±0.30[c]	3.80±0.07[c]	3.80±0.37[c]
死淘率	2.50±3.54	0.00±0.00	2.50±3.54	0.00±0.00	0.00±0.00	0.00±0.00	0.00±0.00	0.00±0.00
大猪								
发病率	5.47±0.23[a]	4.61±0.11[bc]	4.77±0.33[bc]	4.77±0.33[bc]	4.92±0.11[b]	4.22±0.23[c]	4.46±0.11[bc]	4.22±0.23[c]
腹泻率	4.15±0.33[ab]	3.60±0.22[bc]	4.38±0.22[a]	3.44±0.22[c]	3.52±0.33[c]	3.29±0.22[c]	3.44±0.22[c]	3.29±0.23[c]
死淘率	5.00±0.00[a]	0.00±0.00[b]	0.00±0.00[b]	0.00±0.00[c]	0.00±0.00[b]	0.00±0.00[b]	0.00±0.00[b]	0.00±0.00[b]
全程								
发病率	5.88±0.00[a]	4.94±0.08[c]	5.35±0.05[b]	4.76±0.18[c]	4.94±0.08[b]	4.57±0.18[cd]	4.66±0.13[cd]	4.35±0.30[d]
腹泻率	4.53±0.04[a]	3.91±0.13[b]	4.47±0.23[a]	3.79±0.13[b]	3.91±0.22[b]	3.69±0.27[b]	3.66±0.04[b]	3.60±0.30[b]
死淘率	3.75±1.77[b]	0.00±0.00[b]	1.25±1.77[b]	0.00±0.00[b]	0.00±0.00[b]	0.00±0.00[b]	0.00±0.00[b]	0.00±0.00[b]

注：同行不标注或者标注相同字母的表示差异不显著(P>0.05),有不同小写字母的表示差异显著(P<0.05)。

表 7.6 福利性设施对育肥猪生产性能的影响

项目	丰富度0	丰富度1				丰富度2		丰富度3
	对照	处理1	处理2	处理3	处理4	处理5	处理6	处理7
初重/kg	30.35±0.59	31.70±0.40	30.30±1.29	30.33±0.41	30.13±0.69	30.55±0.65	30.58±0.57	30.95±0.55
末重/kg	82.83±1.32[b]	85.36±1.11[ab]	84.40±1.41[b]	85.86±1.44[b]	87.12±2.53[a]	87.58±0.87[a]	87.54±1.26[a]	88.32±1.38[a]
增重/kg	52.15±1.34[c]	55.05±0.87[bc]	53.70±1.17[bc]	55.18±1.22[abc]	56.38±1.89[ab]	56.95±0.49[ab]	56.93±1.18[ab]	57.80±1.03[a]
日增重/g	686.18±35.38[c]	724.34±22.90[ab]	706.58±30.82[c]	725.99±32.00[ab]	748.36±42.23[ab]	749.34±12.92[ab]	749.01±30.97[ab]	760.53±26.98[a]
日均耗料量/kg	2.38±0.01	2.40±0.06	2.40±0.08	2.43±0.08	2.40±0.08	2.38±0.01	2.31±0.00	2.28±0.12
料重比	3.47±0.03[a]	3.32±0.11[ab]	3.39±0.02[a]	3.34±0.04[a]	3.19±0.05[bc]	3.18±0.05[bc]	3.08±0.12[cd]	2.99±0.10[d]

注：同行不标注或者标注相同字母的表示差异不显著(P>0.05),有不同同写字母的表示差异显著(P<0.05)。

表 7.7 福利性设施对猪胴体性状及肉质性状的影响

项 目	丰富度 0	丰富度 1			丰富度 2			丰富度 3
	对照	处理 1	处理 2	处理 3	处理 4	处理 5	处理 6	处理 7
屠宰率/%	64.68±1.22[b]	66.75±0.51[ab]	65.38±0.93[ab]	65.75±4.17[ab]	68.22±2.00[ab]	67.51±2.51[ab]	68.11±1.74[ab]	71.74±3.96[a]
背膘厚/cm	2.51±0.39[a]	2.32±0.33[abc]	2.47±0.21[ab]	2.20±0.16[abc]	2.10±0.14[bc]	2.05±0.38[c]	2.03±0.18[c]	2.00±0.13[c]
体长/cm	81.88±2.39[c]	85.75±2.75[abc]	83.25±3.20[bc]	86.50±2.08[ab]	86.50±3.00[ab]	87.25±2.22[ab]	88.25±2.63[ab]	88.75±2.06[a]
体斜长/cm	67.63±2.63[b]	71.75±2.06[a]	72.25±4.03[a]	72.13±1.03[a]	73.13±2.17[a]	74.50±1.91[a]	73.5±2.89[a]	74.75±0.87[a]
眼肌面积/cm²	27.26±2.26[c]	29.23±1.23[bc]	27.78±1.78[c]	29.60±4.34[bc]	30.45±2.18[bc]	32.44±0.69[ab]	32.96±3.11[ab]	36.27±2.65[a]
后腿比例/%	29.45±0.67[e]	29.79±0.72[de]	29.93±1.07[cde]	30.28±0.58[bcde]	31.17±0.87[abc]	31.55±0.92[ab]	31.04±0.90[abcd]	31.96±0.55[a]
熟肉率/%	50.02±1.53[c]	51.11±1.20[b]	50.36±0.94[c]	52.03±1.14[b]	51.82±1.39[b]	53.03±1.05[b]	52.11±0.55[b]	54.56±2.34[a]
滴水损失/%	6.53±0.64[a]	5.46±0.66[b]	5.93±1.39[a]	5.07±0.99[b]	5.09±1.57[a]	4.10±0.24[b]	4.29±0.61[b]	4.02±1.01[b]

注：同行肩标相同字母的表示差异不显著($P>0.05$)，有不同小写字母的表示差异显著($P<0.05$)。

内添加1种、2种、3种福利性设施与没有任何福利性设施的情况相比,平均背膘厚分别降低了20.32%($P<0.05$)、17.92%($P<0.05$)、7.17%($P>0.05$)。同样,增加福利性设施后,对胴体长度、眼肌面积、后腿比例都有较好的影响,特别是在同时采用铁链、玩具球和拱槽3种设施时,获得的效果最为理想。

添加福利性设施后,对猪肉的熟肉率、猪肉的保水力等肉质指标也有一定的影响。尤其是添加3种福利性设施的圈栏,其猪肉的熟肉率较无设施的提高了4.5个百分点,滴水损失降低了2.5个百分点。表明福利性设施在改善肉的品质方面都是有益的。

7.5　适于农户的生长育肥猪"五件套"养殖模式的应用效果

就生长育肥猪健康养殖模式构建的思路而言,只要为这一阶段的猪提供较好的福利,能做到明确的功能定位,且有一个良好的温度环境,即使是条件简陋的农户小群体饲养,也可以获得较好的效果。基于这一理念,结合农户现有条件,对传统的生长育肥圈舍进行设施改造。在原有圈舍的基础上,按图7.10对农户的圈舍进行改造。并按标准圈栏(猪群大小10头或20头)配置了自动料槽、保温灯、保温床、自动饮水器、磨牙链等"五件套"设施,形成适于农户养殖规模的标准化养猪成套设施设备(图7.11)。

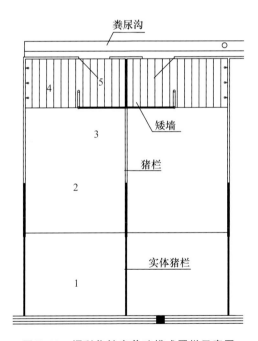

图7.10　福利化健康养殖模式圈栏示意图

1. 躺卧区添加木板或垫草　2. 采食区配置自由采食槽　3. 活动区配置铁链等福利性设施
4. 饮水区　5. 相对独立的排泄区

a. 自由采食槽与磨牙铁链

b. 躺卧区域铺设木板和红外灯局部加温

c. 水箱饮水系统

图 7.11　农户健康养猪"五件套"模式

7.5.1　"五件套"养殖模式的技术特点

1. 创造干燥舒适的躺卧区

在圈栏内添加木板或垫草,给猪创造一个舒适的躺卧区。冬季气温较低时,对于生长育肥初期的猪,在躺卧区域加设红外线灯,或在躺卧区上方加盖一层塑料薄膜保温。通过这些改造措施给猪提供一个干净的、较为干燥的躺卧区,提高了猪躺卧的舒适度,实践表明,猪大部分时间都是在木板区域躺卧,且腹泻率较低,提高了猪的健康水平。

2. 改造供料设备,保证饲料的清洁卫生

改变以往将饲料直接撒在圈舍地面的习惯,采用自动落料的自由采食槽,让猪自由采食。在食槽配置时,应能保证每 3～4 头猪有一个 30～45 cm 的采食位置。从而减少了因采食而引起的争斗行为,保证每只猪的营养水平,同时吃不完的饲料贮存在料槽,避免了污染,减少浪费。

3. 改造供水设施,实行洁水养殖

变水槽饮水为鸭嘴式饮水器自由饮水。根据农户养猪数量不多,一般无法通过管线送水,在圈舍上方放置一水箱,使其有一定的水压,保证对饮水器流量的要求。除保证饮水质量外,还可根据天气状况和防疫需要,对饮水进行加药、加温处理,从而减少对猪胃肠道刺激,保证猪胃肠道的健康。

4. 设置福利性设施,满足猪的行为需要

在圈栏内悬挂铁链等福利性设施,一方面,可避免猪群之间的争斗、咬尾、咬耳和拱腹等异常行为;另一方面,可减少猪对料槽和圈舍的破坏以及饲料浪费,从而有利于猪群之间的和谐相处,满足猪的行为需求。

7.5.2 应用效果分析

1. 对猪健康的影响

健康养猪模式是按照猪的生物学特点和行为学习性来设计的,目的是为猪提供健康和谐的生活环境,提高猪的福利水平,使猪能够健康生长。健康养猪模式通过改造猪的躺卧区给猪以良好的躺卧环境,在圈栏内设置福利性设施,满足猪的行为需要,减少由于养殖环境不良带来的应激。研究与实践证明,在圈栏内设置福利性设施可以显著降低猪的腹泻率,育成育肥全阶段可降低高达20.53%的腹泻发生率,其他病的发生率也显著下降,说明健康养猪模式对猪健康是有利的。

2. 对猪行为的影响

健康养猪模式的理论基础是动物行为学,模式充分考虑猪的行为进行圈栏的设计和改造,满足猪的行为需求。因此,猪在这种模式下饲养,异常行为的发生率会显著少于常规的规模化饲养模式,研究表明猪的争斗行为比常规模式最高减少了91.67%,拱腹行为减少了近100%,同伴间的啃咬行为也减少了91.67%;而猪应该表现的探究行为则显著多于常规模式下饲养的猪,增加了394.11%;拱啃圈栏中饲养设备的行为则减少了84.62%。由此可见,健康养猪模式有利于猪的行为表现,减少猪之间的争斗和啃咬,减少对圈栏设备的损害,有利于群体饲养的猪群内和谐。

3. 对猪生产性能的影响

采用健康养殖模式饲养的猪具有较高的生产性能,可使猪的末体重、全程体增重和平均日增重增加3.66%、5.81%和5.80%。并且可减少猪群间的相互伤害,增强猪群体内的和谐,有利于猪生产潜力的更好发挥。

作为一种根据猪的生物学特点和行为习性而设计的工艺模式,农户育肥猪健康养殖清洁生产工艺模式更多注重的是猪的心理和行为的需要。在该饲养模式中,通过圈栏的分区设计,使猪在简单调教后自己管理自己,实现三点定位,不但有利保持圈栏环境卫生,而且由于排泄的定点,可降低清粪的劳动强度;通过设置或增加一些设备,可以为猪提供优良的局部环境;在圈栏内部为猪提供一些的福利性设施,满足猪的行为需求,减少异常行为发生,降低生产中的应激,最终达到提高猪健康水平,提高猪的生产性能和猪肉品质的目的。

第 **8** 章

健康养猪清洁生产的关键技术装备

养猪生产过程涉及的设备有很多,包括各种猪栏、地板、喂饲设备、饮水设备等饲养设备,通风、加温、保温等环境控制设备,清粪设备以及运输设备等。在选择设备时,除了应遵循经济实用、坚固耐用、方便管理、符合卫生防疫卫生要求等原则外,应按照不同的生产工艺模式和猪的饲养阶段进行设备配套,使之能更好地满足猪躺卧、饲喂、饮水、排泄等的功能需要,并且能做到环境可控,避免应激。为达到健康养猪清洁生产的目的,在设备配置时,应尽可能从满足各功能区的要求入手,进行合理的环境设计和设施设备设计。

8.1 猪躺卧区的环境需求及冷暖猪床设计

8.1.1 猪躺卧区的环境需求及目前生产中存在的问题

猪是恒温动物,皮下脂肪厚且汗腺不发达,因此,高温或者低温易引起猪的热应激和冷应激,导致生产力下降甚至停止,造成严重的经济损失。猪每天约80%的时间需要休息躺卧,因此,躺卧区环境的好坏对猪的健康和生产影响最大。

实际生产中,除哺乳期仔猪有专门的保温箱或仔猪暖床作为躺卧区设施、能进行温度调控外,大部分阶段的猪则直接躺卧在地面或地板上,躺卧区主要受舍内环境的影响,局部区域的环境可控性差。虽然有猪床的概念,但多数情况下猪床只起定位的作用。尤其是对于成年猪,为了使其躺卧时有一个较为舒适的环境,一般只能通过整舍调控来实现,从而造成能源的浪费。因此,采用可改善成年猪只猪躺卧区温热环境的冷暖猪床,不仅可以在极端高温高湿时循环降温,在寒冷时起保温的效果,提高猪体的热舒适度,而且还可节能。

8.1.2　冷暖猪床设计

1. 设计思想

在猪的躺卧区固定有可供猪自由进出的猪栏,在猪栏上方设置辐射顶板,通过其内置的循环水管来调节板的表面温度。猪体与辐射顶板则以辐射方式进行热量交换。为减少辐射板上表面对周围空气的对流热损失,在上表面覆盖隔热材料。在辐射板下面设置围护板,以降低板下的空气流速,在不妨碍猪体与辐射顶板之间的辐射换热的条件下,减少辐射顶板下表面与周围空气的对流热损失。循环水管通过进水口与出水口与外界的循环水源相通,实现在极端高温高湿时循环降温,又可在寒冷时起保温作用。由于只在顶部设有盖板,不会影响窗内的空气流动,因而不会造成猪体附近空气质量下降。

2. 猪床构造

在猪躺卧区猪栏上水平设置由循环水管与辐射板组合而成辐射顶板,辐射板内侧最高处离地面的距离应大于猪站立时的高度。辐射板上表面覆盖隔热材料,将循环水管至于辐射板之下,且与辐射板紧密接触。循环水管通过进水口 A 与出水口 B 与外界的循环水源相通。其结构如图 8.1 所示。

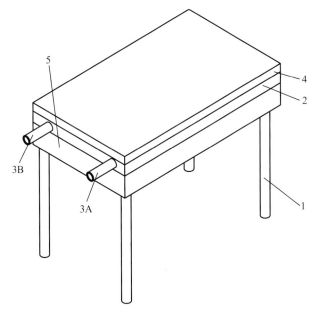

图 8.1　冷暖猪床的结构

1. 猪栏　2. 辐射板　3. 循环水管(A. 进水口,B. 出水口)　4. 隔热材料　5. 围护板

在图 8.1 的基础上,对猪的躺卧区地面设置调温地板 6,循环水从进水口 7A 流入埋置在可调温地板 6 内的循环水管 7,由出水口 7B 流出,其中调温地板 6 可以直接放置在网上或者地面上,也可以预埋到水泥地面内部。其结构如图 8.2 所示。

猪床可以是矩形的、拱形或三角形的,排列形式可以是单体放置的,也可以是多排连接的,以适应不同生产规模、饲养模式及猪场结构布局的要求(图 8.3)。可在猪床的侧面安装

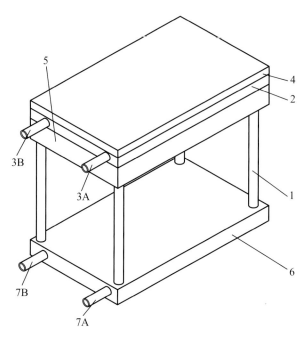

图 8.2　冷暖猪床与调温地板结合的构造

1. 猪栏　2. 辐射板　3. 循环水管(A. 进水口,B. 出水口)　4. 隔热材料
5. 围护板　6. 调温地板　7. 地面循环水管(A. 进水口,B. 出水口)

围护板。围护板的上端与辐射板紧密相接,下端与地面间隔一定距离,这样既可以使每头猪都有相对独立的空间,避免躺卧时猪体之间过多的接触;又使得猪躺卧时腿有伸展的空间。

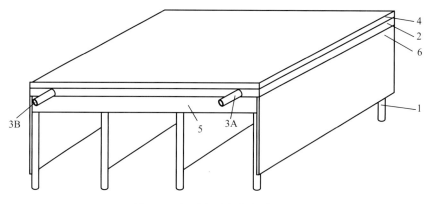

图 8.3　矩形冷暖猪床串联形式

1. 猪栏　2. 辐射板　3. 循环水管(A. 进水口,B. 出水口)　4. 隔热材料　5. 围护板　6. 侧围护板

3. 辐射板与循环水管之间的连接

由于冷暖猪床主要采用辐射和对流的方式来进行调温,因此辐射板的构造和调温效果是整个冷暖猪床的关键。采用混凝土板结构的辐射板,可将循环水管埋在混凝土板内(图8.4)。采用金属板结构的辐射板,循环水管可通过导热胶粘接或通过直接焊接的方式固定在辐射板下(图8.5)。也可以将金属辐射板平面状加工成带有平行 U 形凹槽的形状,循环水管部分可嵌合在 U 形凹槽内(图8.6)。

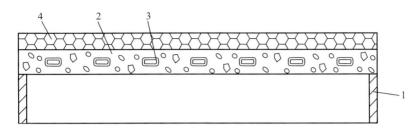

图 8.4　混凝土结构的辐射板

1. 围护板　2. 辐射板　3. 循环水管　4. 隔热材料

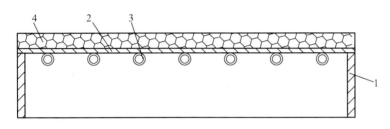

图 8.5　金属结构的辐射板(一)

1. 围护板　2. 辐射板　3. 循环水管　4. 隔热材料

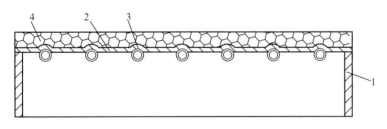

图 8.6　金属结构的辐射板(二)

1. 围护板　2. 辐射板　3. 循环水管　4. 隔热材料

4. 关键部件材料

辐射板：水泥预制板或金属板。金属材质辐射板最好为抛光铝板或镀锌钢板。

辐射板表面覆盖的隔热材料：发泡聚氨酯或聚苯。

循环水管道系统：选择导热性能好的金属管，如镀锌管，亦可选择铝塑管材。

5. 猪床调温效果分析

冷暖猪床的辐射顶板通过其内置的循环水管来调节板的表面温度，猪体与辐射顶板主要以辐射方式交换热量。由于辐射板上表面覆盖有绝热材料，可减少辐射板表面对周围空气的对流热损失，进而减少维持辐射顶板恒温的能耗。在辐射板下面设置的围护板，可减弱板下的空气流动速度，在不妨碍猪体与辐射顶板之间辐射换热的条件下减少板下表面与周围空气的对流热损失。

床体内的地面上设置调温地板后，可根据季节通入适宜温度的水，使猪体腹部在与地面接触时通过传导方式进行热量交换，从而使其获得较为舒适的躺卧温度。

冷暖猪床既可以实现在极端高温高湿时的降温，又可以在寒冷时起保温作用，而且箱内的空气流动性较好,可以在猪体附近形成有效对流。可以给猪进行单体温度调控,亦可将多个猪床连接成排进行调控,还可在现有的定位猪栏上进行改进。整个系统的降温和保温均采用局部调控,避免了整舍环境调控中的能源浪费。主要适用于成年母猪。

8.2 采食调控要求及采食区设计

8.2.1 猪的采食行为及对采食区的要求

猪具有独特的采食行为。野外生存条件下,猪的食性较为广泛,能采食鲜草、嫩树叶等各种植物性饲料(图8.7),以及蚯蚓、昆虫等动物性饲料。相比较而言,猪喜欢吃甜食、湿拌料,采食精料较采食粗料或青饲料要快得多,食欲更旺盛。猪善于从土壤中掘食(图8.8),其领土探究大多涉及拱土活动。这一特性是由遗传所决定的,其目的是为了寻找地下食物,补充营养的不足。现代养猪生产中,即使给猪饲喂粉料,猪仍会表现出拱土的习性。若圈栏内铺有垫草(料),则猪的拱土行为能够得到很好的满足(图8.9)。

a. 采食鲜草　　　　　　　　　　　　　　　　b. 采食嫩树叶

图8.7　野外环境中猪采食鲜草、嫩树叶等食物

图8.8　野外环境中猪用鼻拱土掘食　　　　图8.9　舍饲发酵床饲养下猪的拱土行为

舍饲条件下,采用配合饲料饲喂的猪,每天用于采食的时间约为 1 h。饲槽饲喂的采食时间要比地面撒料可能更长些。猪对饲喂活动的时间判断比较精确,一般在邻近饲喂时间,往往会表现出到饲槽旁哼叫、躁动不安等饥饿状态。猪对饲喂用具的声响特别敏感,当一听到与饲喂相关的器具或饲喂时间饲养员操作产生的响声时,便会引起食欲反射,表现出不安、在圈栏内来回走动、爬跨圈栏、抬头东张西望等,同时发出强烈的"嗯嗯"声。采食时,猪的精神高度集中,神情专注,不停摆尾,耳不扇动,嘴不离槽,吃料的位置和姿势基本保持不变。

猪的群体位次明显,其采食行为会对同群的其他猪只产生刺激。通常,猪的采食量群饲的较单独饲喂的多。群养条件下,每头猪都力图占据饲槽最有利的地方进食,为避免猪采食时不会被邻近的猪拱开,应给予每头猪提供合理的采食位置和空间。如体重 90 kg 的猪,至少需要 35 cm 的采食位置。特别需要指出的是,采用限制饲喂的,必须每头猪都有一个采食位置;自由采食的则可 4~6 头共有一个,这样才能避免猪为争夺饲料而发生争斗。

猪采食时有时会将前肢踏在饲槽内,或站立饲槽的一角,用吻突拱动饲槽,并将饲料拱到槽外,抛撒一地,造成饲料浪费。但若圈栏内配备拱土设施,这种浪费现象则会明显减少。

刚刚断奶的母猪,由于哺乳期体重损失很大,为恢复体况,往往会表现出更强的采食行为和更好的食欲,采食争斗行为较其他任何时期更激烈。为此,需要对这类母猪采取单栏饲喂,或给予提供较大的圈栏面积和充足的采食区,以使其充分采食,来尽快恢复体重,为妊娠、分娩、哺乳打好基础。

8.2.2　舍饲散养系统中保育猪舍和育肥舍采食区设计

在舍饲散养系统中,圈栏内的采食区既要满足猪对采食空间的需求,同时,也是猪对圈栏内进行功能分区的参照系。此外,采食区位置与舍内净道、选择的供料方式等都有关,如果采用人工加料,则尽量将食槽安排在净道附近便于人操作的位置;若为自动供料,则可将食槽安排在活动区中央,这样既起到分隔圈栏功能区的作用,同时又可以给猪提供更多的采食空间。对于保育和育肥阶段的猪,生产中都采用自由采食,为减少饲料的浪费,不建议将饲料直接抛撒在采食区地面上。目前,常用的自由采食槽有长方形和圆形两种,可根据猪只大小选择合适的规格(表 8.1)。长方形食槽(图 8.10)常用镀锌钢板或冷轧钢板成型,表面喷塑制造。也可用半金属半钢筋水泥制造,即底槽、侧板用钢筋水泥,其他调节活动件用金属结构。半金属半水泥自动食箱的造价低、寿命长,但比较笨重,制造、运输、安装比较麻烦。长方形食槽可做成单边,也可做成两边。两边使用的食槽应放在两栏中间,这样可节约投资和占地面积,管理也较方便。圆形自动食箱(图 8.11)的圆筒用不锈钢板制造,而底座则用铸铁或钢筋水泥制造。食槽内设拨料调节板,除可拨动饲料下落外,还有破拱作用。板的位置应调整适当,以保证饲料流落适量。若落料过多,容易被猪拱出造成浪费。

自动食槽具有许多优点,如自动限制落料,吃多少落多少,饲料不会被拨出,节约饲料,干净卫生;有间隔环限位,自由采食时,猪只不争斗,不打架,有利于生长发育;易于和输料管道、分配器连接,实现自动送料,节约劳力,便于管理。因此,被很多猪场所接受。

表 8.1　金属自动落料食槽基本参数　　　　　　　　　　　　　　mm

食槽形状	猪群种类	主要尺寸			
		食槽深	采食间距	食槽前沿高度	食槽宽度
长方形	保育猪	700	140~150	100~120	400~600
	育成猪	800	190~210	150~170	600
	育肥猪	900	240~260	170~190	800
圆形	保育猪	620	140	150	
	育成猪	950	160	160	
	育肥猪	1 100	200~240	200	

图 8.10　长方形食槽

图 8.11　圆形自动料箱

8.2.3　干湿饲喂器研发

1. 设计思路

猪用干湿饲喂器设计的基本思路基于下列几个方面：一是猪的采食行为。猪采食时常有拱食、前脚跨入及争斗行为，而这些行为是引起采食时饲料大量浪费的主要原因。猪干湿饲喂器在饲槽形状、结构设计时应充分考虑猪采食的不良行为，达到减少饲料浪费的目的。二是采食与饮水空间位点的集成，避免采食与饮水频繁穿梭。传统饲喂设备的自动饮水器常被设计安装在运动场内或猪栏的另一边，在采食过程中，猪需要饮水时，就不得不作饲喂器到饮水器之间的往返穿梭，从而增加了饲料浪费的可能，且多消耗能量。干湿饲器在设计上将采食和饮水集成于同一空间位点上，猪无需在采食过性程中为饮水而作穿梭位移，从而可避免猪在采食与饮水交替过程中的饲料浪费。三是群体位次的强化与巩固。任何一个猪的群体，都存在着群体的位次关系，不同猪的个体在群体中的位次顺序造成了采食时的争斗、抢食。干湿饲喂器采用了短饲槽设计，其对应的饲槽尺寸一般仅够一两头猪同时采食，即强制性地将猪群的采食按群体等级位次进行分组定位。使猪在采食时能以较小规模分组，群体位次高的猪左右可以有效地控制局势，使猪群的采食在时间上得以排序，从而减少了采食时的争斗，并可避免分餐饲喂时猪群饥饱不均的现象。四是连续自助式供料的控制与保证等。为达到既能确保经久耐用，又可以大幅度降低干湿饲喂器的成本的双重目的,饲槽的制作材料选用了铸铁。料斗的材料选用热轧镀锌板,为强化防锈和防积拱的效果,料斗的内侧表面作喷塑处理。为确保下料顺利,下料管选用不锈钢材料制作,在设计上采用摆转结合,并适度放大口径,加上调节杆的带 U 字环转动的设计,可有效地避免饲料的积拱与堵塞。

2. 干湿饲喂器的构造

猪用料水集成式饲喂器(干湿饲喂器)的构造见图 8.12。该设备于 2001 年 10 月获得了国家专利,经多次优化改进已于 2003 年正式由宁波市东风牧业设备制造有限公司按企业标准(Q/DFM 001—2003)进行生产(图 8.13)。目前,猪用干湿饲喂器的产品主要有两个系列,即保育猪用干湿饲喂器和生长肥育猪用干湿饲喂器。

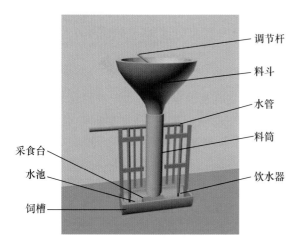

图 8.12 猪用料水集成式饲喂器(干湿饲喂器)模型

图 8.13 东风牌猪用干湿饲喂器

3. 关键部件设计要求

(1)外观要求 饲喂器的料斗、支架表面涂塑,转动部件进行热镀锌,要求表面平整光滑。饲料出口处和流水出口处应光滑无突起,没有毛刺。

食槽分为保育槽和育肥槽两种。保育槽即为供 11～70 日龄之间的仔猪饲喂饲料用的食槽;育肥槽即为供 70 日龄以上生长猪直至上市的肥育猪饲喂饲料用的食槽。

(2)技术要求 料斗容积:每个饲喂器的料斗容积≥0.08 m^3。料斗上口直径在 550～650 mm,饲喂器高度 110～130 mm。

饲喂器每次出料量:在 0～0.5 kg(粉状料)范围内可调。

饮水器的出水量:饲喂器上不锈钢自动饮水咀在外力的作用下出水量≥0.2 m^3/h。

饲料粒度:允许最大颗粒直径为 25 mm,最小颗粒直径 0.5 mm。

材料:不锈钢部件的材料应符合 GB/T 12770。

密封性能:供水管路经 0.6 MPa 水压试验应无渗漏现象。

4. 猪干湿饲喂器的特点

与传统的饲槽相比,猪用干湿饲喂器有以下几个特点:

(1)集成料水

该设备把猪的采食和饮水在空间位点上集成在一起,猪不必在采食过程中为饮水而作穿梭位移。从而避免了猪在采食过程中,需要饮水而穿梭跑动时的饲料浪费,同时也减少了能量消耗。

(2)充分考虑猪的采食行为

猪用干湿饲喂器在饲槽形状、结构设计上已充分考虑了猪采食时常出现的不良行为,因而较好地减少了饲料的浪费。例如图 8.13 所示饲喂器水池的碗形坡度的设计即能较好地避免猪采食时的前脚跨入。因为如果猪站在水池的"碗底",头要碰到料桶或水管;站在采料台上又低不下头,而采食不到饲料;在水池的坡度上又站不稳,无论怎样都使猪觉得不舒适,所以就可有效地防止这一不良行为的发生。

(3)群体的分级形成有序采食

猪用干湿饲喂器在形状和结构方面的特定设计,使猪在采食时能以较小规模分组(通常是1~2 头),使猪群的采食在时间上能严格依群体位次自高至低得以排序,从而减少了采食时的争斗,也避免了分餐饲喂时无法克服的饥饱不均现象。

(4)机械化、自动化饲喂可能性

如果在该设备的料斗上方加一输料管道,在每一幢猪舍都设一料仓,并配以相应的机械设施及感应控制部件,即可根据指令对饲喂量及饲喂时间变量加以控制,从而实现自动化饲喂。与此相适应,猪用干湿饲喂器的料斗的储料功能,实现了管道送料与猪采食之间的缓冲,使采食台上的料既不太多,又不缺少。

5. 应用场合与应用效果分析

(1)适用范围

猪用干湿饲喂器适宜推广应用于全国各地的养猪场、户,尤其是规模猪场和养猪大户。按设计标准,每个干湿饲喂器可供二栏(每栏 20 头)共 40 头生长肥育猪饲用。

(2)生长肥育猪干湿饲喂器应用效果

应用干湿饲喂器比传统地面饲喂或水泥板饲槽饲喂能显著提高保育期仔猪和生长肥育猪的生产性能。28~70 日龄全期,平均日增重提高 12.5%($P<0.01$),平均日采食量提高 6.4%($P<0.05$),料重比下降 5.64%($P<0.01$),尤其在 42~70 日龄段效果更为明显,平均日增重提高 13.6%($P<0.01$),平均日采食量提高 7.3%($P<0.01$),料重比下降 5.53%($P<0.01$)。20~90 kg 生长肥育猪,平均日增重提高 6.28%~14.31%($P<0.05$),饲料利用率提高6.87%~13.50%($P<0.05$)。

消化试验的结果显示,应用干湿饲喂能显著提高仔猪干物质和蛋白质的消化率。干湿饲喂器组干物质消化率提高 2.6%($P<0.05$),粗蛋白消化率提高 2.7%($P<0.05$);但对 20~35 kg 生长猪日粮的 GE 和 CP 消化率的影响不显著($P>0.05$)。

采食行为观察试验结果发现:35~60 kg 的生长猪应用干湿饲喂器比水泥板饲槽增加了晚间两个时间段(18:30~19:30,20:30~21:30)的采食频次,差异显著($P<0.05$),说明应用干湿饲喂器,生长猪的采食行为在时间上趋向均衡,并使生长猪在采食上的群体位次关系得以体现和强化。另外,采食行为的直观观察也发现:对照组猪平均每次采食过程中饮水的次数为4~5 次,每次采食饮水过程中每头猪嘴上都粘走而浪费了较多的饲料。

应用干湿饲喂器与水泥长饲槽对 3 个阶段(20~35 kg,35~60 kg,60~90 kg)生长肥育猪日均耗料试验结果表明,干湿饲喂器较水泥长饲槽节料分别为 8.89%、10.14% 和 12.28%,

20～90 kg 全期平均节料 10.71%。节料效果明显。

6. 产业化前景

生长肥育猪应用干湿饲喂器可比传统的料槽饲喂提高日增重 5%～15%,饲料利用率 5%～15%。设备研制及批量生产以来已得到了迅速推广应用。至今已在浙江省各地市及辽宁、河南、山东、江苏、江西、广西、云南和安徽等省(区)的规模猪场推广应用 7 万余台。该设备已于 2003 年 12 月通过了浙江省科技厅组织的技术鉴定。鉴定委员会一致认为,料水集成式猪用干湿饲喂器,能显著提高猪的生产性能,减少饲料浪费,从源头减少规模猪场的养殖废弃物所致的环境污染。研究成果在理论上和实际应用上均有创新和突破,达到国际同类研究的先进水平。其成果获浙江省科技进步二等奖,并于 2006 年列入国家农业成果转化基金项目;2008 年列入了浙江省十大农业科技成果推广项目,2010 年又列入国家农机补助目录。目前,猪用干湿饲喂器供不应求,应用前景广阔。

8.3　饮水要求及调控

8.3.1　猪对饮水的要求

水是机体必不可少的养分。猪对水的需求量很大。仔猪一出生就需要饮水,这主要来自母乳中的水分。猪的饮水量在很大程度上受饲料含水率、环境温度的影响。一般情况下,如果采用干料饲喂,则猪的饮水量约为采食量的 2 倍。在正常的饲养管理条件下,采食干粉料的每昼夜饮水 8～10 次,采食湿拌料的 2～4 次。据测定,哺乳母猪每头每日需水量为 30～60 L,成年猪、断奶仔猪、育肥猪分别为 10～20 L、5 L、10～15 L。

现代养猪生产中,喂料和饮水都可以做到自动化。猪能很快地学会从压板或压钮的供水装置中饮水。目前用的多为鸭嘴式自动饮水器。有些猪场,选用的饲槽中带有饮水器,不但满足了猪边采食边饮水的习性,而且还能使猪进行自拌湿料。因此,从一定意义上说,这种食槽较为科学。

对猪而言,除了满足水量的要求外,饮水的水质、饮水温度对其体内代谢及其健康有很大影响。就水质而言,需要在建场之初进行水质环境监测,日常生产中还需要进行经常性的卫生监测,以使其符合我国的猪场建设标准、猪的饲养技术规程、猪肉产品生产要求等相关的规定要求。

实际生产中,人们对猪的饮水温度关注不够,在一定程度上影响了猪的健康,尤其是对于断奶仔猪,则容易导致腹泻,降低饲料转化效率,减缓生长发育速度。目前,我国大部分地区猪场都采用地下水,其水温一般在 10℃左右。很多场将地下水贮存在水塔中,通过管道系统送到猪舍。冬春季节,猪直接饮用到的水的温度往往较低(一般与环境温度相当)。由于猪的消化系统的温度一般在 38℃以上,饮用冷水容易产生冷应激,从而对猪的生理机能和生长发育产生不良影响。研究表明,与直接饮用地下水相比,饮用 37℃温水可使断奶仔猪日增重提高 10.37%,腹泻率降低 15%,料重比低 0.08。德国学者则认为 26℃饮用水对猪更为合适。

8.3.2 断奶仔猪舍电加热饮水装置的研发

为使猪能喝到温度适合的水，需要研发一种适于猪舍的电加温饮水装置。由于猪舍的管道系统较长，沿程的热量损失会使不同圈舍猪获得的饮水温度有所差异。猪在一天的不同时刻对水的需求量有所不同，饮水高峰时段可能会使供应的水温下降。此外，不同阶段的猪只对饮水温度的要求有一定差异，因此，在饮水装置设计时应考虑这些因素的影响。

1. 电加热饮水系统的构成及原理

电加热饮水系统主要由水箱、加热管、温控仪、传感器、管路、水表等几部分组成（图8.14）。其工作原理如下：

首先冷水通过阀门1，经过水表2，经过浮球阀4进入水箱3，由浮球阀4控制进水量，水量不足自动加入。连接电源7，水箱内水由加热管6加热，温控箱8与传感器5相连，控制水箱内的加热温度，当温度低于所需要水温时，加热管工作，当温度等于或高于所需温度时，温控箱内继电器自动断开，处于保温状态，水箱内加热的水由管路9流出，进入饮水器10。

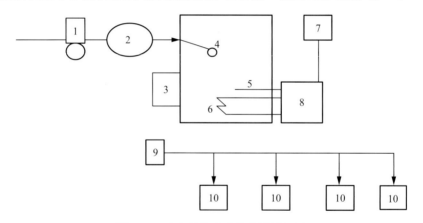

图 8.14 电加热饮水系统装置原理图
1. 阀门 2. 水表 3. 水箱 4. 浮球阀 5. 传感器 6. 加热管
7. 电源 8. 温控箱 9. 管路 10. 饮水器

2. 系统设计与实现

选择一定容量的不锈钢保温桶作为水箱，箱体距上部 5 cm 打一个直径 15 mm 孔，垂直于进水口，在距箱体下部 5 cm 处打一个直径 20 mm 出水口，出水管选择铝塑管，并连接饮水器。水箱另一侧距下部 5 cm 处打 3 个孔，一个直径为 12 mm 连接传感器，另两个直径为 18 mm 连接加热管，加热管功率为 1 500 W。加热管和传感器与温控箱相连（图8.15）。

温控箱由温控仪和继电器组成，温控仪选择奥特温度仪表厂的 XMTD 数显温控仪，量程为 0～300℃，继电器为 10 A。加热管为功率 1 500 W 铜加热管，传感器和加热管的连线均与继电器相连，继电器与温控仪相连，温控仪连线与电源连接（图8.16）。接通电源，当传感器显示温度低于所设定温度时，加热管加热，当温度等于或高于所设定温度时，继电器自动断开，加热管停止加热。

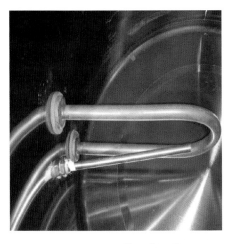

图 8.15 加热管及传感器

图 8.16 温控仪箱

3. 出水口温度和沿程损失计算

出水口温度主要与经过的路径、初始水温、每秒出水量以及舍内环境温度等有关。实验测试结果表明,当水温在 25～26℃、流速 0.01～0.05 m/s 下,水温的沿程损失大约为 0.25℃/10 m。考虑到实际生产中,断奶仔猪舍的长度一般不超过 80 m,环境温度为20～26℃。假定每头猪每天饮水为 2.5 L,一圈 10 头为 25 L,则 80 m 的供水管路首端与末端的温差应该不会超过 4℃。也即如果进水温度是 26℃,可以保证猪喝的水温不低于 22℃。

8.3.3 断奶仔猪舍电加热饮水装置应用效果分析

为了解低温季节不同饮水温度对断奶仔猪生长发育和行为的影响,就研发的电加热饮水加温系统在实际生产的应用效果进行了现场试验研究。试验选择某年的 12 月份进行,试验期间舍内平均温度为 21℃,最低日 18℃,最高 23℃。舍外平均温度为 9.49℃,最低日 0.44℃,最高日 16.34℃。整个试验期为 1 个月,舍内外温度变化见图 8.17。

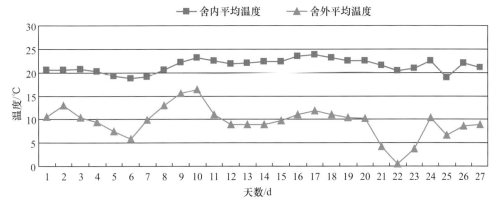

图 8.17 试验期间舍内外温度变化曲线

1. 试验猪舍基本条件

试验在江苏某种猪场的断奶仔猪舍进行(图 8.18)。猪舍长 65 m,宽 9.4 m,北侧有 1 m 宽的公用走道。一栋舍内分 3 个单元,每个单元长 19.7 m,宽 7.9 m。舍内为双列二走道布置,每个单元 16 个圈栏,南北两侧各 8 个,圈栏长×宽×高为 2.2 m×2 m×1.1 m,每个圈栏可饲养 10 头仔猪。采用高床漏缝地板饲养,栏内有食槽、自动饮水设施,实行全进全出,仔猪从断奶后转入,70 日龄后转出。

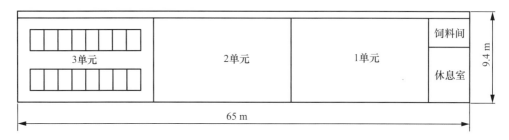

图 8.18　保育舍平面布局图

2. 管道系统改造与安装

试验中,3 个单元设定的饮水温度分别为 13℃(场内冬季正常供水系统水温,对照组)、25℃、30℃。事先对各单元的进水管管路截断,其中,对照组安装阀门、水表后与原水管连接,加温组将原水管截断后安装阀门、水表、水箱,进水管水从水箱流出进入管路饮水器(图 8.19、图 8.20)。为减少因加温后管道散热增加导致管内水温降低,对加温组的管道包上保温棉,改造后如图 8.21 所示。

图 8.19　对照组安装

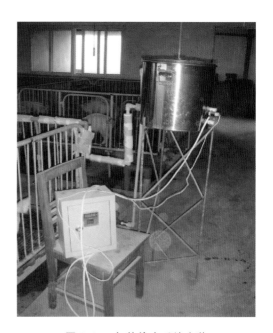

图 8.20　加热饮水系统安装

图8.21　饮水管改造图

3. 饮水温度对仔猪增重和饲料利用的影响

（1）仔猪日增重

试验初期,对照组(13℃饮水组)、25℃饮水组和30℃饮水组的仔猪平均体重17.50 kg、17.63 kg 和17.50 kg,无显著差异。试验结束时,各组的平均体重则为29.44 kg,32.50 kg 和29.98 kg,平均日增重为0.43 kg/头、0.53 kg/头和0.44 kg/头(图8.22)。表明25℃饮水组优于对照组和30℃饮水组,差异显著。虽然30℃饮水组日增重高于对照组,但差异不显著。

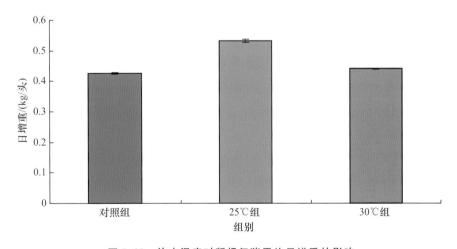

图8.22　饮水温度对断奶仔猪平均日增重的影响

（2）饲料利用

图8.23反映了3种饮水温度下的仔猪平均日耗料。对照组、25℃饮水组和30℃饮水组的平均日耗料分别为0.87 kg、0.92 kg 和0.92 kg。虽然饮水加温组的耗料量较对照组

均有提高,各组间差异不显著,但料重比有显著差异,分别为 2.04、1.74、2.04。表明,饮水加温后,饲料的转化效率有明显提高。

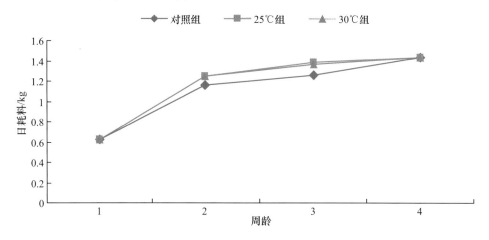

图 8.23　饮水温度对仔猪日耗料的影响

4. 水温对仔猪饮水量的影响

就仔猪而言,在相同饲养环境中,增加饮水量有利于机体的新陈代谢,从而促进其生长发育。图 8.24 统计了试验期间平均每头猪每日的饮水量。对照组、25℃饮水组、30℃饮水组的日平均饮水量分别为 3.70、4.48、2.73 L/头,各组间存在显著差异。表明,冬季仔猪更喜欢饮用 25℃的水,水温过高,反而会使饮水量减少。

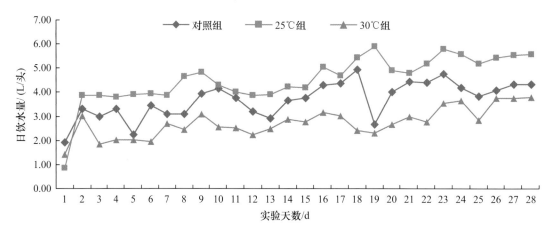

图 8.24　饮水温度对断奶仔猪饮水量的影响

5. 饮水温度对仔猪健康的影响

冬季,是仔猪腹泻、呼吸道疾病的多发季节。试验期间统计了不同饮水温度处理下断奶仔猪的发病情况(图 8.25),对照组、25℃饮水组及 30℃饮水组仔猪的总的发病率分别为 6.37%、2.65% 和 4.2%,饮用未经加温水的对照组,其发病率显著高于加温组。由图 8.26 可知,25℃饮水组腹泻发生率仅为 1.69%,而对照组为 4.85%,表明饮用加温的水,可有效改善仔猪胃肠道功能,降低腹泻发生。相比较而言,提供 25℃饮水更有利于仔猪的健康。

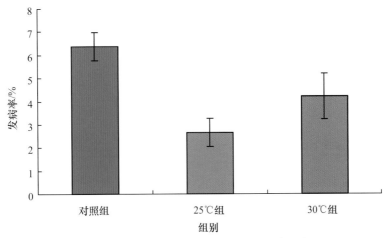

图 8.25　饮水温度对断奶仔猪发病率的影响

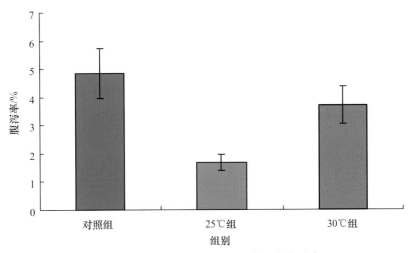

图 8.26　饮水温度对断奶仔猪腹泻率的影响

8.4　排泄区设计要求及粪尿分离干清粪技术与装备

8.4.1　猪的排泄行为及其对排泄区的要求

排泄是动物将体内代谢过程中产生的无用或有害物质排出体外的行为。排泄行为是先天遗传的,其目的是为了生理需要和进行体表护理。在自然环境中,猪在睡卧地点的"安全区"以外排粪,以保持睡卧处的安全与舒适。在猪舍内若不具备"安全区"的条件,猪则会任意排泄,从而对管理、环境卫生和猪只健康产生不利影响。

猪具有定点排泄的特点。在良好的管理条件下,猪会选择专门的地点排泄,通常不在躺卧以及饲槽附近排泄。猪的区域感较为强烈,即使地方有限,也会尽量留出躺卧休息区和排泄粪尿区。因此,圈舍内合理的功能分区设计是十分重要的。需要指出的是,大猪的定点排泄行为不是十分明显。仔猪一出生或到达一个新的环境中,会本能地到墙角或者潮湿处排泄,或在两个圈栏互相能看到的地方排泄。通常,舍内温度适宜时,排泄区选择在远离饲槽、靠近躺卧的地方。若舍温较高,则会选择有水的地方。寒冷天气,猪甚至会趁热卧在粪便上。现代养猪生产中,由于饲养密度大,圈舍拥挤,猪群有时难以保持有组织的排泄行为,从而不能实现定点排泄,尤其是当圈舍卫生状况差、潮湿时,更易诱发和加强随意排泄的行为。

理想的排泄区设计一方面应有足够的空间,使猪能在圈舍内形成采食、休息、排泄等功能区。另外,可以利用猪喜欢在潮湿的角落里排泄的行为,排泄区应略低于猪床,并把饮水器设在其中。此外,将相邻各圈的排泄地点临时贯通起来形成粪道,便于使用机械设备除粪。实际生产中,应尽可能利用猪的定点排泄这一行为,通过加强对猪的调教,以保持圈舍的卫生。

8.4.2　猪舍粪尿清除常用方法及存在的问题

猪每天都要排放大量的粪尿。为保障猪只健康、减少环境污染,需要从舍内粪污收集、清除与舍外有效的处理利用综合加以考虑。目前,国内外有关猪舍的粪污收集与清除主要有水冲粪、水泡粪、干清粪等工艺。水冲粪、水泡粪工艺通过用大量的水清除圈内粪尿,虽然可节约人力,也便于作业和保持舍内卫生,但水资源浪费严重,且会产生大量的高浓度污水,环境压力大。而干清粪工艺提倡不用水或只用少量水,通过人工或机械方式将粪尿清除到舍外,从而在很大程度上减少了后续粪污处理的难度和成本。其中,将粪尿分离的干清粪工艺是减少猪场污水量、降低污水中有机物含量最为有效的一种方法,圈养和离地圈养均可使用。使用地面圈养,将混凝土地面做成一定坡度,猪的粪尿直接排放到地面上,尿液顺坡流走,猪粪留在地面上用人工加以清除,地面上的污迹则再用水冲洗。这种方法虽然达到了粪尿分离、减少污水以及污水中的有机物含量,但即使少量冲洗用水也会造成地面潮湿,加上猪饮水时因漏水打湿地面,猪的生活环境相对阴冷潮湿,容易感染疾病。

为了使猪离开阴冷潮湿的地面,更好的方式是采用离地圈养猪床,这在母猪分娩和仔猪培育中应用十分普遍。它是将地板用支腿支撑起来,离地 30～40 cm,床面采用漏缝地板,床下为粪沟。猪排泄后,尿液直接漏到地板下的粪沟中,猪粪落在地板上,其中一部分通过猪蹄踩踏从缝隙处漏到地板下。使用漏缝地板,虽然可有效地减少猪与粪便直接接触的机会,防止地面潮湿对猪的不良影响,但也有一些问题值得关注:①猪舍内氨气浓度大、湿度高,尤其在冬季舍内通风不畅时。②采用漏缝地板后收集干粪较困难,掉到粪沟的粪一般用水冲走,再经过滤烘干,粪中大量有机物溶解在水中,不仅减少了烘干物的肥效,也大大增加了污水的处理难度。③漏缝地板的缝隙中的粪渣很难用人工方式清理,而用水冲增加了水的消耗和污水处理量。④目前在采用漏粪地板的猪舍内用人工干清粪工艺清粪时,为了减少冲水量,尽量多收集新鲜的干粪,饲养员既要清除地板上的猪粪,又要弯腰清除地板下的猪粪,还要剔除地板缝隙中的猪粪,劳动量大。⑤目前漏缝地板中的塑料地板、铸铁地板、钢筋编织网地板是工厂化批量生产的,只要选料得当,质量可有保障;但价格低廉、使用寿命长的混凝土地板一般由猪场现场浇制,模具粗糙、简陋,用料随心所欲,质量很难保障。⑥地板除经济性要好外,还要防滑、耐污,并具有一定的舒适性,以减少猪的蹄底磨损等肢蹄病的发生率,现有的地板不能同时满足这些要求。

8.4.3 微缝地板与清粪系统设计思想

针对现有漏缝地板存在的问题,提出了微缝地板的设计概念。其中包含 3 个基本点:

(1)地板缝隙宽度。常规漏缝地板目的是漏粪,因此地板缝隙要尽量大;而微缝地板则要求做到完全的粪尿分离,其缝隙只要能满足漏下水和尿等液体即可,固态的粪被截留在地板表面,因此地板缝隙不必大。

(2)地板缝隙形式。常规漏缝地板的缝隙为网格状或孔槽状,堵塞后不易用工具疏通。微缝地板的缝隙是通长的,可以使用与缝隙相配的耙齿疏通。清粪耙刮除并收集地板表面的固态粪,同时与耙固结的耙齿刮除并疏通缝隙中的粪渣,保持缝隙通畅。与之配套的清粪耙可以是手动的,也可以是自动的。

(3)利用尿沟将尿液及时导出到舍外。微缝地板之下或端部设置具有一定倾角的尿沟,漏下的尿液可顺尿沟排出到舍外污水井内。

采用上述设计方案的微缝地板,可以选用混凝土材料制作,降低制造成本;由于目的是分离粪尿而不是漏粪,小的地板缝隙尺寸可以减少尿液中混入猪粪后而增加干物质的含量,有利于使粪尿最大程度地分离。通过配套的清粪与清缝设备,可以保持地板表面及地板缝隙的清洁,减少挥发物的暴露面积,同时由于尿液可及时排走,减少挥发物的暴露时间,可以改善舍内空气环境。

8.4.4 设备构造

1. 微缝地板形式与构造特点

按照组成的结构,微缝地板可分为两种形式,一种是板条式,另一种是单条式。从外观上看,板条式是由多根单条组合而成的(图 8.27)。单条式由独立的单根条状地板在施工现场拼合而成(图 8.28)。前者的优点是安装容易,但制作难度大,起模困难,且搬运不便;后者的优点是通过采用精确的模具单根生产,起模容易,单根重量轻,搬运方便,但安装时要小心对正,以使相互间距一致。使用时地板为悬空放置,其缝隙是贯穿的,液体可以直接从缝隙中漏下。

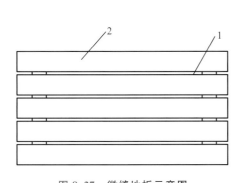

图 8.27 微缝地板示意图

1. 地板缝隙 2. 地板板条

图 8.28 条形微缝地板

此外,有一种微缝地板的缝隙不是贯穿的,称为沟槽地板。使用时,可直接铺设在实体地面上,不必悬空。因此,只需考虑抗压强度,不用考虑抗弯强度,地板中不必设置钢筋,可用混凝土直接压制成型,从而可降低制造成本。使用时,液体流入到沟槽内,并顺着具有一定斜度的沟槽流到端部的尿沟内排到舍外,猪粪留在地板上,实现了干湿分离、粪尿分离。若尿液下落地的沟槽内有粪渣堵塞,尿液会溢出到相邻沟槽内流下。由于缝隙小,猪粪很难把沟槽堵严,故尿液能从沟槽上架空的猪粪下流走,保持地板表面的干燥。图 8.29 是安装了沟槽地板的猪舍实景照片。

图 8.29　安装沟槽地板的猪舍

2. 手动清粪工具

地板上的清粪工具应该具有两个功能,第一是清除地板上的猪粪,第二是疏通地板缝隙。对应的可以设计两种工具,一种是清粪耙,另一种是清缝耙。也可将两个功能设计在同一工具上,一面是平的,用来刮除地板上的猪粪;另一面带耙齿,用来清理缝隙中的粪渣,见图 8.30 的结构示意图和图 8.31 的实物图。

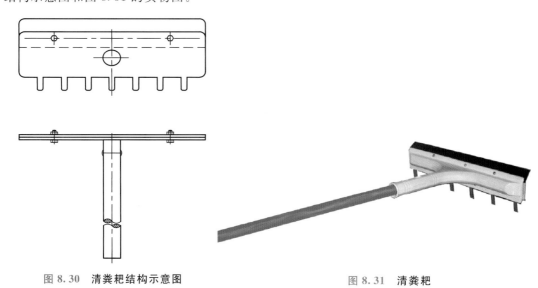

图 8.30　清粪耙结构示意图　　　　　　　　图 8.31　清粪耙

3. 自动清粪设施

自动清粪设施由动力机构、传动杆及刮粪板组成(图 8.32)。图中未示出动力机构。微缝地板板条架设在地板支撑梁上,传动杆与刮粪板连接,刮粪板与地板等宽,刮粪板上还安装了耙齿,插入到每个板条之间的地板缝隙内。当动力机构带动传动杆往复运动时,与传动杆固定在一起的刮粪板在地板板条上滑动,刮除其上的干粪。与此同时,刮粪板上的耙齿将缝隙中的粪渣也一并刮除掉。

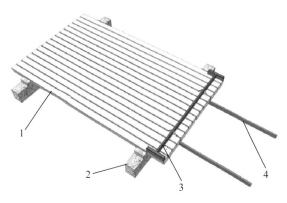

图 8.32 安装在微缝地板上的自动清粪机构示意图
1. 微缝地板板条 2. 地板支撑梁 3. 刮粪板 4. 传动杆

8.4.5 微缝地板配套设施与应用条件

要使微缝地板在养猪清洁生产中发挥正常的作用,必须配套布置相应的猪舍圈栏;在采用人工清粪方式时,为了减轻劳动强度,最好采用独特的配套设施。

1."三点定位"与圈栏的布置

在圈栏设计上满足猪的"三点定位"要求,应加强猪进入新环境后的调教。为了实现这一目标,圈栏的长宽比必须大于1.5,且长边与猪舍长轴线垂直。需要将猪的躺卧区设置在靠南墙一侧,将铺有微缝地板的排泄区设置在靠北墙一侧,猪的采食区设置在躺卧区与排泄区的中间。圈栏内坡度南高北低。采用这样的圈栏布置后,猪转群时,所有的猪会自动选择温暖的、干燥的、避风的南侧作为躺卧区,并在相邻的地方采食,而选择远离躺卧区的低洼的、潮湿的北侧作用排泄区。转群前,可先把地板泼湿,引导猪在排泄区域排泄。

2. 配合人工清粪的承粪台

饲养员清粪时一般先将粪铲或刮到一堆,然后用铁锹铲到手推清粪车上。由于担心铲粪或刮粪时堵塞缝隙,一般不会将粪移动太长的距离,这样,清理到粪车的次数就要增多,由此带来清粪时间的延长,清粪工作量加大。为此,在靠近清粪通道的栏杆外设置一个承粪台(图 8.33)。从圈栏的栅栏缝隙处将清粪耙、清缝耙伸进去,将粪刮除到承粪台上集中清理(图 8.34)。

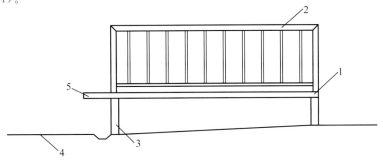

图 8.33 微缝地板与承粪台
1. 微缝地板 2. 栅栏 3. 支腿 4. 清粪通道 5. 承粪台

承粪台还可单独悬置在栅栏外,或是地板的一部分,伸出栅栏外。其宽度 200 mm 可满足清粪要求。承粪台可以离地一定高度,悬置在通道边。使用时将清粪车车斗伸进承粪台下,直接将台上的粪刮扫到车斗里,以避免大量重复弯腰装粪操作。承粪台可以集中圈栏内清出的粪,配合猪厕所和清粪工具,避免饲养员进圈操作。

图 8.34 使用承粪台现场照片

8.4.6 微缝地板及其配套清粪系统的应用前景分析

采用混凝土材料作微缝地板,将普通混凝土漏缝地板的缝隙宽度从一般的 15～30 mm 降低为 6～10 mm。当猪的粪尿排放到地板上时,尿液可从地板上的细小缝隙中流下,由于缝小,猪粪不能漏下,全部留在地板上,可用人工或自动机械清除;对细小缝隙中的粪渣,可用与缝隙相配的清缝耙加以清除。这种新型地板的开发成功,为养猪业提供了一种价格低廉但产品规范、性能优异的地板产品。通过采用专用的设备制作出标准化的产品,改变了过去猪场自己制作地板,质量差、性能差的现状。平整、规矩的地板,不仅有利于清粪设施的应用,还降低了猪蹄的损伤,有利于猪的福利与健康,为养殖场也带来了直接的经济效益。开发的与之配套的清粪系统,使得猪舍的清粪工作强度显著减少,很好地改善了舍内的空气质量环境。基于微缝地板的干清粪工艺,可大大节省冲洗水量,减轻后续的环境处理压力。且猪粪收集率可以达到 95% 以上,提高猪场粪污的资源化利用率,符合环境友好的、可持续发展的经济理念。

8.5 母猪智能化饲养管理技术——智能化母猪饲养管理系统

智能化母猪饲养管理系统是指在母猪大群饲养条件下,采用射频身份识别(radio frequency identification,RFID)技术对每头母猪进行身份识别,进而在对猪群行为不进行人为干扰的前提下实行精准饲养和便捷管理的一套自动化饲养管理系统。我国第一套该系统于 2007 年底由广东省汕头市德兴种养实业有限公司从美国奥斯本工业公司(Osborne Industries Inc)进口,于 2008 年 3 月安装调试并正式运行。此后,其他国外厂家也陆续进入中国市场,国产设备也不断出现。目前,在我国市场上出现的国外厂家主要由德国

Mannebeck 公司的 InterMAC 系统,荷兰 Nedap 公司的 Vellos 系统,美国 Osborne 的 Team 系统,德国 Bigdutchman 公司的 CallMatic 2 系统以及美国谷瑞的 AP Schauer 系统等。国内也有上海河顺自动化发展有限公司、深圳市润农科技有限公司、成都通威自动化设备有限公司和广东广兴机械设备公司等厂家在生产该套系统。

该套系统进入我国后不断发展,特别是 2009 年以后发展较快。据调查,截至 2011 年 10 月,全国已有 200 多个新建或改建猪场安装了这套系统,对我国规模化养猪业产生了巨大影响。

8.5.1 系统组成

1. 软件系统

智能化母猪饲养管理系统的软件对设备获取的信息进行处理并将向硬件发出指令来实现对母猪的自动化管理。系统可分为操作性系统和管理者系统两大类。操作性系统以荷兰 NEDAP 公司的 VELOS 系统作为典型代表,主要是对空怀、妊娠阶段的母猪进行精准饲喂和便捷分离的一套系统软件。该软件为网络版系统,猪场管理者可在任何地方,通过互联网实时监控和管理自己的猪场。管理性系统则以美国 Osborne Industries Inc 的 TEAM 母猪电子管理系统为代表,它是在前者的基础上增加了分娩母猪和仔猪的生产和管理信息。产房内的饲养员可利用读数器(ID Logger),详细记录母猪的生产,如胎次、窝产仔猪数、仔猪初生重、断奶体重、死亡率等数据,如图 8.35 所示,进而实现对母猪整个繁殖周期进行自动化管理。

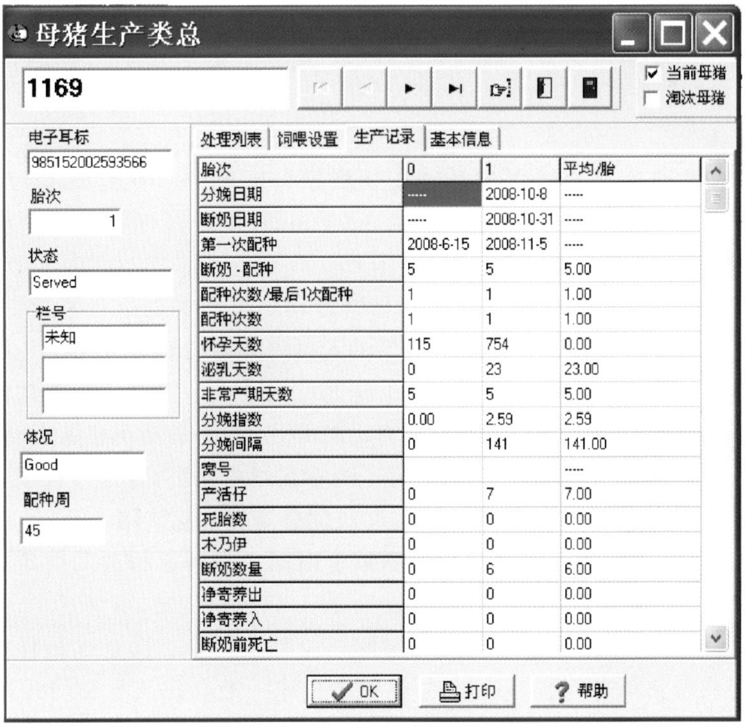

图 8.35 分娩母猪管理系统界面

在大群饲养模式下，有效地控制每头妊娠期母猪的采食量，是保障母猪具有最佳体况及充分发挥母猪生产性能的关键技术。智能化母猪饲养管理系统将母猪的体况分为5类，如图8.36所示，并对应5档饲料投放量。

管理者通过目测或背膘测定仪来母猪的体况进行评分，并输入系统，当母猪再次进入电子饲喂站采食时，设备会利用RFID技术识别母猪，并把信号反馈给系统，系统就会根据软件中管理者预先设定的数据，将信息反馈给设备。设备就会根据指令投放相应的饲料（食槽可存放两种饲料）及每天的投放量（限饲期母猪一般1次就将一天的饲料吃完，只有少数母猪会分成2次采食）。而且，下料采用少量多次模式，管理者也可根据场区母猪的采食速度，自行设置单次下料数量，从而使系统下料速度与母猪的进食速度匹配，可充分调动母猪食欲、避免饲料浪费，也可防止限饲期母猪因进食太急而造成应激。

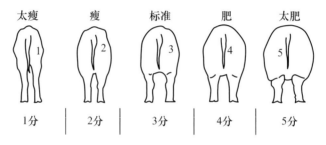

图8.36　母猪体况评分

此外，系统还可以根据每头猪的采食情况提醒管理者对某些猪群进行特殊护理。比如，某头猪当天没有进入饲喂站采食或设定的饲料没有吃完等，系统会提醒管理者，是否需要将该头母猪分离出来进行检查和治疗等。

2. 硬件系统

智能化母猪管理系统的硬件包括电子饲喂站（electronic feed supply），自动分离器（central separation）、自动发情检测器（heat detection）、电子耳标（ear tag）和手持读数器（hand held reader）等组成。

（1）电子饲喂站：电子饲喂站是智能化母猪管理中精准实现母猪采食量的关键设备。设备及组成部分如图8.37所示。电子饲喂站的入口门分为气动门和机械门两种，一头母猪进入电子饲喂站后，入口门将自动锁住，防止其他母猪进入。当电子饲喂站内的母猪采食完成后，出口门会自动打开，此时，入口门会自动打开，另一头母猪可进入站内，前一头母猪自己走出饲喂站或被后一头母猪拱出去。为了防止在站内躺卧，特地设计了防卧杆。根据工艺流程不同，电子饲喂站可单独使用，也可与自动分离器一起使用。

每台电子饲喂站能饲喂的母猪头数根据采食时间及设备运行时间决定。在限饲条件下，妊娠母猪每天的采食时间约为20 min，设备24 h满负荷运转，可满足72头母猪的采食时间要求。考虑到母猪进出饲喂站所需的时间以及部分母猪二次进入所耗费的时间等因素，为了保障每头母猪都有足够的采食时间，设备厂家一般会建议每个饲喂站饲养50～60头母猪。此外，与粉料相比，母猪采食颗粒料所需的时间要短一些，所以每个饲喂站饲养的母猪头数也可稍微增加一些。

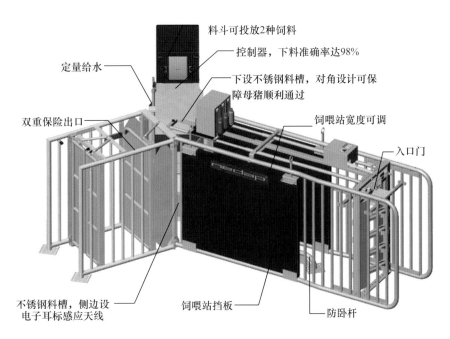

料斗可投放2种饲料

控制器,下料准确率达98%

定量给水

下设不锈钢料槽,对角设计可保障母猪顺利通过

双重保险出口

饲喂站宽度可调

入口门

不锈钢料槽,侧边设电子耳标感应天线

饲喂站挡板

防卧杆

图 8.37　电子饲喂站

(2)自动分离器:自动分离器是母猪大群饲养条件下实现便捷管理的核心设备,如图8.38所示。分离器的入口与电子饲喂站的出口相连,如图8.39所示。每个分离器连接1~6台电子饲喂站,可根据客户需求或实际场区情况灵活安装,可垂直连接,也可倾斜连接。

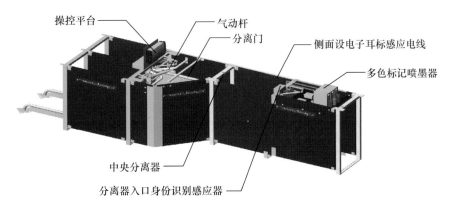

操控平台

气动杆

分离门

侧面设电子耳标感应电线

多色标记喷墨器

中央分离器

分离器入口身份识别感应器

图 8.38　自动分离器

母猪采食完成后进入分离器。此时,电子耳标感应天线将进入分离器的母猪传达给系统,系统根据预设定信息或管理者的指令进行分析,决定让该母猪返回大群或分离出来,并把这种反馈给操作平台。如果需要把这头母猪分离出来,则操控平台将启动气动杆,将分离门打开。同时,系统将根据母猪分离原因,指令多色标记喷墨器对该头母猪背部进行喷涂颜色标记,以便管理者方便操作。例如,需要进产房的猪喷涂绿色,发情的母猪喷涂蓝色,丢失耳标的母猪喷涂红色等。

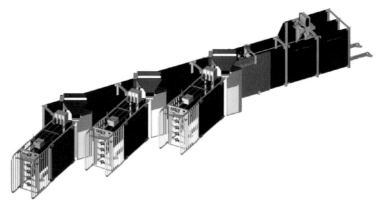

图 8.39　自动分离器与电子饲喂站的连接方式

（3）自动发情检测器：在大群饲养模式下，自动发情检测系统由自动发情检测器和公猪栏组成，如图 8.40 所示。公猪栏为实体栏，栏位一侧安装自动发情鉴定器，如图 8.41 所示。母猪发情后，依靠气味寻找公猪并通过嗅洞探访公猪。设备一侧有电子耳标感应天线，可全天候监控并记录母猪探访次数、每次探访时间，系统可根据预设数据区分该头母猪是普通探访还是特殊探访（发情），如图 8.42 所示。一旦确定该母猪发情，系统就会即时在用户电脑操作界面上显示发情母猪信息以通知配种员，还直接在发情母猪头部喷墨做标记，并通过分离器将发情母猪从大群中分离出来，方便查找。管理员也可根据自己的观察，通过系统指令，将需要配种的母猪分离出来。

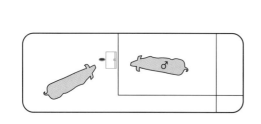

图 8.40　自动发情检测

图 8.41　自动发情检测器

猪场的饲养工艺不同，自动发情检测器的作用不同。一般情况下，母猪都是在配种 $28\sim35$ d 之间，通过 B 超来确定母猪是否怀孕，确妊后再转入大群，因此，自动发情检测器主要是对大群中流产的母猪发情的检测。

（4）自行发情检测器：在智能化母猪管理系统中，母猪耳朵上需配备 RFID 电子耳标，如图 8.43 所示。耳标内存有号码，此号码与特定母猪对应，也就是说，电子耳标就是母猪的身份证，系统只有通过电子耳标才能实现对母猪的个性化精细饲养。好的耳标读取距离可达 20 m 以上。

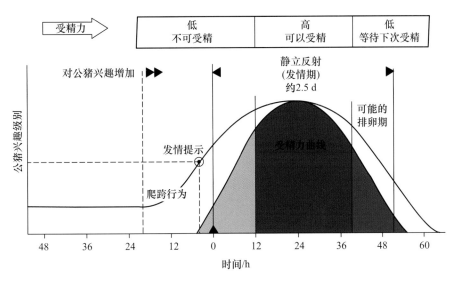

图 8.42 母猪探访时间与发情的关系

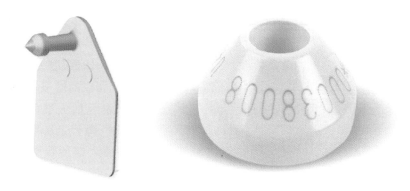

图 8.43 两种猪用电子耳标

（5）手持读数器：手持读数器用于工作现场人为操作时便捷输入生产数据的一种小设备，如图 8.44 所示。该设备可直接扫描电子耳标，确定被操作母猪的身份，方便地记录操作

图 8.44 两种常见的手持读取器

信息。系统内设有时钟,可自动记录每步操作的时间,如母猪的输精时间,分娩时间等。此外,该设备可通过 USB 接口,直接将所记录的数据导入智能化母猪管理系统,既准确高效,又免除了繁琐的键盘操作。

8.5.2　系统管理模式

智能化母猪饲养管理系统适用于具有一定规模的猪场。根据母猪妊娠阶段饲养工艺流程不同,将系统管理模式分成动态模式和静态模式两种。

1. 动态模式

动态模式下,在母猪确妊后转入大群进行饲养,由于每天都有确妊母猪进入大群,同时,也有需进产房的母猪离开大群,如图 8.45 所示。典型的动态模式由电子饲喂站、自动分离器和自动发情检测器组成,其设备配型为"6+1+1",即"6 台电子饲喂站、1 台自动分离器和 1 台自动发情检测器",可饲养 250~300 头的妊娠母猪。整个猪舍可分为大群活动区、训练区、分离区及试情公猪饲养区 4 个部分。大群活动区是核心区域,妊娠母猪几乎所有时间在该区域内生活,区域可细分为躺卧区、活动区、采食区及饮水区,除躺卧区外,其他区域均设漏缝地板。训练区主要针对初次进入智能化母猪饲喂系统的妊娠母猪而言,也就是教会母猪怎么在该系统内觅食及正常生活。通常,当妊娠母猪达到一定数量时(如 200~300 头时),建议安装 1 台独立的训练器,专门设置训练区对母猪进行训练,以方便操作。分离区是将系统分离出来的母猪局限在一个小空间内,以便对其采取相应的措施。

动态模式的关键在于一定要将自动分离器用于母猪大群返回大群的出口与电子饲喂站的入口分开,并保持一定的距离,也就是说母猪最好转一圈行走一定距离后才能到达电子饲喂站的入口,如图 8.46 所示,这可有效防止刚返回大群的母猪又进入电子饲喂站。

2. 静态模式

采用静态模式的猪场,需按照猪场的生产节拍对妊娠母猪进行组群。每个节拍作为一个独立的生产单元,设计一个猪栏,单元内的妊娠母猪采用"全进全出"工艺。每个单元内只需要安装一台电子饲喂站,猪栏也进一步细分为躺卧区、采食区、活动区及饮水区等不同的功能区,如图 8.47 所示。

静态模式下,每个单元内饲养 50~60 头妊娠母猪,且这些妊娠的妊娠时间相近,便于日常管理。每个单元内全进全出,可对栏位进行彻底的消毒,从防疫上要优于动态模式。同时,不需要配备自动分离器、自动发情检测器等设备,因此,设备成本投资相对低一些。

采用静态模式需要注意以下几点:①通常采用"12 周工艺"模式,即母猪配种 4 周确妊后转入,产前 1 周进入产房,这样母猪在静态模式下饲养时间为 12 周,即称为 12 周工艺。②每个单元内饲养 50~60 头妊娠母猪,采用"12 周工艺"模式时,饲养的妊娠母猪的头数总共为 600~720 妊娠母猪,也就是说,这种模式比较适合基础母猪为 1 000 头以上规模的猪场。③采用静态模式时,需要专门设计一个训练单元,如图 8.48 所示,以教会后备母猪怎么学会使用电子饲喂站,兼可辅助查找返情母猪和饲养后备母猪。

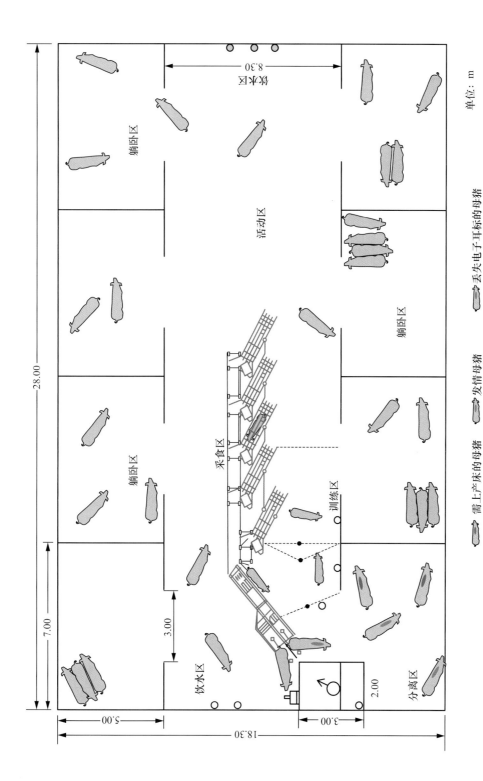

单位：m

图 8.45　智能化母猪饲养管理系统动态模式

⬅ 需上产床的母猪　　⬅ 发情母猪　　⬅ 丢失电子耳标的母猪

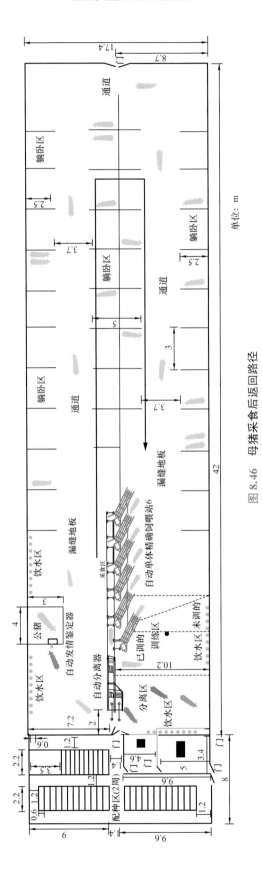

图 8.46 母猪采食后返回路径

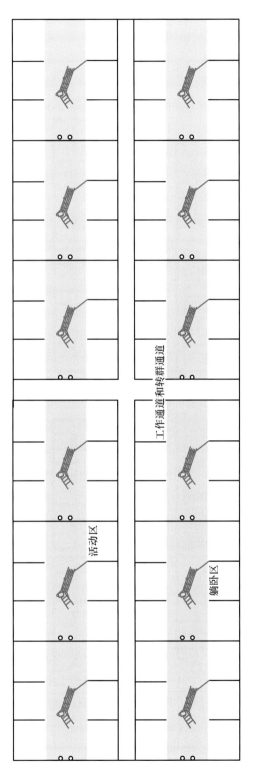

图 8.47　智能化母猪饲养管理系统静态模式

活动区

工作通道和转群通道

躺卧区

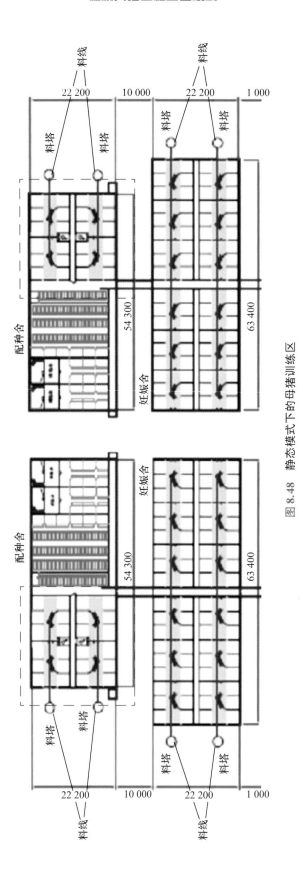

图 8.48 静态模式下的母猪训练区

8.5.3 如何正确看待智能化母猪饲养管理系统

智能化母猪饲养管理系统的出现,使妊娠母猪从定位栏中解放出来,可有效改善母猪体况,也极大地减轻了工作人员的劳动强度,将猪业生产力水平提升到崭新的阶段,这是无可争议的事实。但是,母猪生产力的高低依赖于一个国家整个生猪产业的发展水平,而智能化母猪饲养管理系统只是整个产业链中的一个初始环节,单单依靠该套系统的应用,不可能像很多商家宣传的那样,能使母猪年提供断奶仔猪头数达到26头以上,甚至30头。这正是我国多数客户使用后感觉效果不理想的根本原因,这就提醒我们,一定要看到智能化母猪饲养管理系统以外的东西,即中国的国情及相关配套设施设备。①从猪舍建筑样式上讲,采用这套系统时,猪舍的跨度一般大,饲养密度高,国外多采用封闭式猪舍配以全自动化的环境控制系统。而我国目前则多采用有窗式猪舍,这种建筑样式比较适合饲养密度较低的小跨度猪舍。建造适合我国各地区气候特征和发展水平的封闭式猪舍样式是保障该系统良好运行的一个重要条件。②高饲养密度的大跨度猪舍需要配以良好的环境控制系统。我国猪舍多采用自然通风模式,配以"湿帘风机降温系统"。在这种通风模式下,春秋季节是通过打开窗户进行通风,夏季"湿帘风机降温系统"在一定程度上降低了热应激,可使舍内温度降低3~5℃,但冬季则多依靠屋檐下通气缝进行舍内外气体交换。这种通风模式不适应智能化母猪饲养管理系统。国外多采用全自动化的环境控制系统,但进口该套系统价格十分昂贵,并不可能在我国大范围的推广。如何引进和开发高效的、低成本的、性能稳定的全自动化环境控制系统是采用该系统获得良好效益的基本保障。③采用这套系统时,多采用漏缝地板模式,配以水泡粪的清粪方式。这种方式不但需要耗费大量的水资源,也从源头增加了污水量,我国的土地制度又很难为每个猪场配备足够的土地去消纳这些污染物,所以,水泡粪系统虽然降低了猪舍粪便收集的难度,但却增加了粪污后续处理和处置的难度,也是造成猪场周围环境污染的重要原因。尽快开发适合该套系统的干清粪工艺也是很重要的。④采用该套系统对猪舍的施工要求提高。以保定某猪场为例,由于水泥漏缝地板制作不够精细,导致母猪蹄病发病率高达80%,一年翻修了3次,造成巨大的经济损失。

8.6 猪对活动空间的要求与和谐度调控技术

8.6.1 猪对活动空间的需求

猪只行为不仅是良好猪场管理以及提高养猪生产水平与效率的重要依据,同时也是对动物福利进行评估、科学设计猪舍及设施转会的理论基础。在无猪舍的情况下,猪能自我固定地方居住,表现出定居漫游的习性,猪有合群性,但也有竞争习性,大欺小、强欺弱和欺生的好斗特性。现代舍饲养猪中,虽然猪只已经从野外环境过渡到舍内环境中生活,但猪只依然保留了其祖先的特有行为,如探究、鼻拱觅食等天性行为。在上述猪的10种行为中,采食行为、排泄行为、群居行为、活动与睡眠行为、探究行为、行当的争斗以及后效行为等都是猪只天然状态下应该表现的天性行为。而一些攻击行为、咬尾行为则是在现代饲养环境条件不得已发生的异常行为,这些异常行为的发生主要是因为现代养猪工艺模式下猪圈栏的环境单调、贫瘠,导致猪只的正常天性行为无法表现,产生心理应激。因此,要改变这样的状况,必须科学地制定养殖工艺、合理设计猪舍圈栏,让猪只自由地表现它应该表现的行为。

对于一个符合猪只行为要求的圈栏来说,首先应该足够的空间。这个空间能够使猪只充分、自由在表达它的诸如采食、排泄、群居、活动与睡眠、探究等正常行为。因此,猪生活的圈栏内至少应该具有采食区、排泄区、躺卧区、满足猪只探究、玩耍的活动区,以及发生争斗时弱小猪可以躲避的区域。只有这样,才能提高猪自身的福利与健康,减少伤害与攻击,增加猪群和谐,降低应激,使猪在良好的环境下愉悦地生活。

1. 采食区

此区域应设计在圈栏一侧,远离排泄区,并设置专用供料设备,保证饲料的清洁卫生。推荐采用自动落料的自由采食料槽,让猪自由采食,减少了因采食而引起的争斗行为,保证每只猪的营养水平,同时吃不完的饲料贮存在料槽,避免了污染,减少浪费。

2. 躺卧区

此区域应干燥舒适。在圈栏内添加木板或垫草,给猪创造一个舒适的躺卧区。冬季气温较低时,根据猪的生长阶段,在躺卧区域加设采暖设施如红外线灯,或在躺卧区域上猪够不到的高度铺设一层塑料薄膜保温。通过这些改造措施给猪提供一个干净的、较为干燥的躺卧区,提高了猪躺卧的舒适度,实践证明,猪大部分时间都是在木板区域躺卧,且腹泻率较低,提高了猪只健康。

3. 排泄区

猪不在吃睡的地方排粪尿,这是祖先遗留下来的本性。此区域应在在猪栏内远离躺卧区与采食区的地方,以满足猪只本性需要。

4. 活动区或玩耍区(抗应激设施设备设置区)

设置抗应激设施设备,满足猪的行为需要。减少猪群之间的争斗、互相的咬尾、咬耳和拱腹等异常行为,降低猪对料槽和圈栏的玩耍和拱啃,减少饲料的浪费和对圈栏的损害,增加的猪群之间的和谐性,提高猪的行为福利水平。

8.6.2 和谐度调控设施设备的研发与设计

1. 研发的意义

我国规模化猪场一般都沿袭国外的定位或圈栏饲养工艺模式,但随着定位或圈栏饲养工艺模式的广泛使用,其弊端也日益突现,如猪由于受到空间的局限和单调的环境状态,极大地减少了运动量,给猪群整体健康水平造成了严重危害,导致猪病日趋复杂难以有效控制。同时,猪在这种饲养环境中产生了许多异常行为,如啃栏、咬耳、咬尾、咬蹄、拱腹、啃咬异物等,从而造成猪群相互之间的伤害,群体应激严重,最终影响生产力和养猪成本的上升。随着人们对动物福利的关注,定位或圈栏饲养工艺模式日益受到动物福利关注者的指责,欧盟将逐步取消该饲养工艺模式,并以此作为绿色贸易壁垒。为了提高动物福利,改善饲养环境,为猪提供必要的"玩具"设施,如磨牙链、蹭痒架、草捆和玩具箱等,从而减少猪异常行为的出现,使我国的养猪业向符合动物福利的方向发展。

2. 设计思想

拱土觅食、啃咬磨牙等行为是猪的天性,目前集约化舍饲养猪工艺中只有常规的饲养设施和设备,如料槽、饮水器等,而没有能够满足猪只拱土觅食、啃咬磨牙等正常行为的设施和设备,造成圈栏内环境贫瘠,缺乏多样性,猪只缺乏表达其正常啃咬磨牙行为的场合或机会,影响猪只的行为发育,弱小猪经常受到来自其他猪只的攻击,出现诸如咬尾、咬耳和拱腹等异常行为,长期处于应激状态,不利于猪只群体健康和生产性能的发挥,同时,对圈栏饲养设备的侵害和破坏增加。规模化猪场常采取断尾等措施避免猪只之间的相互侵害,这种措施的负面效果是加剧了猪只的应激反应,进而对养猪生产也带来不利的影响。因此,在集约化舍饲养猪生产中迫切需要一种可以供猪只表达鼻拱、啃咬、磨牙等天性行为的一类设施。这类设施必须具有坚固耐用、易于清洁与消毒、可批量生产的优点,且易于猪只辨认,可以长期吸引猪只进行探究、玩耍,以满足集约化舍饲养猪生产条件下猪只鼻拱、啃咬和磨牙等先天性行为的表现。使用这种设备后,可以减少猪只异常行为的发生和对同伴的攻击,降低猪只对饲养设备的玩耍和侵害,增强猪群的和谐度,有利于生产性能的提高。

3. 猪舍和谐度调节常用材料的选取

用于调节猪舍和谐度的材料应遵循动物安全第一的原则,即使用的材料不应对动物造成伤害。根据猪的不同行为需求,可以选择表8.2中的三大类物品作为环境丰富度的材料。由于猪偏爱选择固定的物品玩耍和操控(Blackshaw 等,1997),因此,用于猪啃咬的材料应该能垂直悬挂固定,材料下端高度以猪肩部高度为准,并随着猪体形的长大,适时调整材料悬挂高度。

表 8.2　调节猪舍环境丰富度材料

内　容	描述及材料性质
啃咬材料	
铁链	直径 5 mm 镀锌钢筋焊接而成,长约 30 cm,重约 2 kg
尼龙绳	直径约 2.5 cm,试验中保持 30 cm 的长度
塑料水管	直径 30 mm 的 PVC 塑料软管,长约 30 cm
自行车内胎	剪成 4～5 cm 宽的条状,试验中保持 30 cm 的长度
细铁棍	直径 2 cm,长约 30 cm 的钢筋
鼻拱材料	
新鲜泥土	新鲜的菜园土,经过紫外线杀菌 2 h,放于 30 cm×40 cm×30 cm 的木制盒子中
碎木屑	普通碎锯末,含少量刨花,经过紫外线杀菌 2 h,放于 30 cm×40 cm×30 cm 的木制盒子中
蘑菇培养土	蘑菇收获后的培养基质,碾碎后经过紫外线杀菌 2 h,放于 30 cm×40 cm×30 cm 的木制盒子中
鹅卵石	直径 3～5 cm,洗净后消毒,放于 30 cm×40 cm×30 cm 的木制盒子中
稻草	干稻草,切成 4～6 cm 的长度
玩具塑料球	直径约 10 cm 的硬质塑料球,放于 30 cm×40 cm×30 cm 的木制盒子中
蹭痒材料	
木架	直径约 12 cm 的圆木,以 60° 角度固定于圈栏地面
铁架	用 30 mm×30 mm×4 mm 材质为 Q235B 的角钢焊接而成,固定于圈栏地面

4. 猪对圈舍内调节和谐度材料的选择倾向性

猪对圈舍内用于调节和谐度各种材料的偏爱程度有所不同。研究表明,表 8.2 列出的 5 种啃咬材料中,猪对铁链和尼龙绳的接触频次和接触时间最多,其次是内胎和塑料水管,细铁棍最少。考虑到成本和耐用,铁链作为圈栏饲养条件下满足猪啃咬行为的福利性设施材料比较适宜。同样,猪对不同拱啃材料的偏好程度也不相同。表 8.2 的 6 种拱啃材料中,猪对泥土、鹅卵石和蘑菇土的接触频次较高,其次为稻草,塑料玩具球最低。说明猪偏爱鼻拱与泥土性质类似的材料。但考虑到便于圈栏清洁和卫生管理,鹅卵石应该更适合作猪的鼻拱材料。猪蹭痒偏爱木质材料,对颜色差别较大的物体接触较多。需要指出,猪对圈栏内提供的各种调节和谐度的材料,与之接触时间和次数均随着时间的增加而减少,约 3 周后几乎不会再对其有兴趣。因此,需要对放置的材料定期更换,才有可能起到真正调节和谐度的作用。

5. 猪用抗应激器的构造特点

为便于生产中推广和应用猪群的和谐度调控技术,减少猪群应激,中国农业大学研发了一种专门用于群养猪抗应激的福利性玩具(图 8.49),2008 年获得了国家实用新型专利授权。该设备包括供猪鼻拱的腔体,腔体上安装有悬挂环,使用时悬挂在圈栏内,在腔体外侧安装有金属链,金属链另一端自由悬垂。腔体内可装填散发气味的物料。设备具有坚固耐用、易于清洁与消毒,并可批量生产的优点,腔体内部可填装泥土等散发气味材料,可以长期吸引猪只进行鼻拱、啃咬等探究行为以及磨牙、玩耍的需要。从而可减少猪只异常行为的发生和对同伴的攻击,降低猪只对饲养设备的玩耍和侵害,增强猪群的和谐度,有利于生产性能的提高。

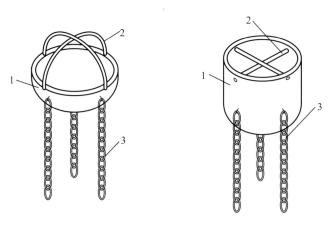

图 8.49 猪用抗应激器模式图
1. 供猪鼻拱的腔体;2. 供猪啃咬的绳索;3. 悬挂环

6. 产业化前景

舍饲条件下,通过和谐度调控技术的应用,可以增加猪的抗应激能力,有利于猪的健康,降低猪的患病几率。同时,对提高猪的生产性能和改善胴体品质都有帮助。目前,已有专门的设备企业生产相关的设备产品,部分产品已销往欧盟等国家。随着人们对畜禽健康养殖和改善动物福利化水平的不断重视,福利性设施设备的广泛应用必然会对产业的发展起到很好的推动作用。

附　　图

附图 1　满足拱瘾的干湿料槽,图示为仔猪在自拌"潮料"

附图 2　可供猪自行拌料的干湿料箱,料箱内下部的接料盘分上下两层,干料落在上层,供猪采食,
下层两侧有水嘴,猪咬水嘴可出水,当干料与水相混则可成为湿料(潮拌料),
当猪发现这一现象后,便知道视自身需要而取舍

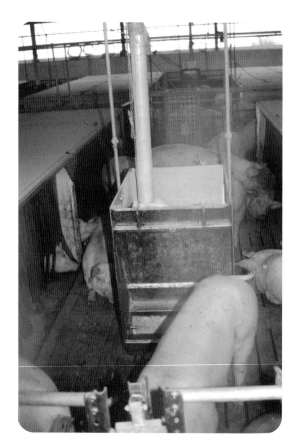

附图 3　吃得饱、长得好,快育成出圈的育成猪及料箱

附图 4　装在暖床与厕所之间的盘式饮水器

附图 5　仔猪在盘式饮水器中饮水

附图 6　从暖床到厕所做有高度差别，以利于保持暖床干燥的环境

附图 7　刚刚转入消毒好的仔猪群

附图 8　给猪厕所出入口挂上门帘

附图 9　　猪厕所

附图 10　　厕所内隔成两个位子,适于群体使用

附图 11 暖床为箱型,前面以垂挂的条形软帘与箱外分隔,猪可以自由出入

附图 12 打开箱盖以示供暖的热源部件

附图 13　软帘固定在箱盖上

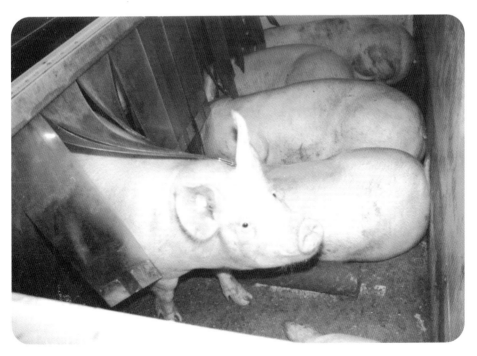

附图 14　暖床底部设有一横档,以使猪依次排列

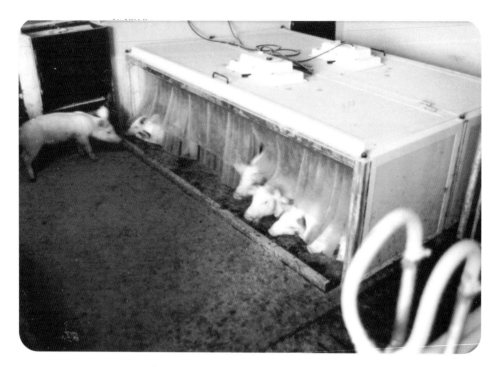

附图 15　断奶仔猪在床内,头均伸向箱外

附图 16　暖床内猪的入睡状态

附图 17　相对两列暖床间的猪群社区活动通道

附图 18　睡醒了,想出来

附图 19　更多的仔猪出来活动

附图 20　仔猪暖床与母猪卧处近在咫尺,母猪放奶之声一响仔猪随即哺乳

附图 21　妊娠母猪舍在猪舍山墙外端,设母猪暖床便可饲养母猪

附图 22　成年母猪的暖床置于舍外棚下

附图 23 吊挂在上方的磨牙链

附图 24 两个料箱中夹一个玩具箱,内设磨牙链和草木、根结,供仔猪磨牙和咀嚼用

附图 25　草木、根结筐

附图 26　猪自由采食、玩耍

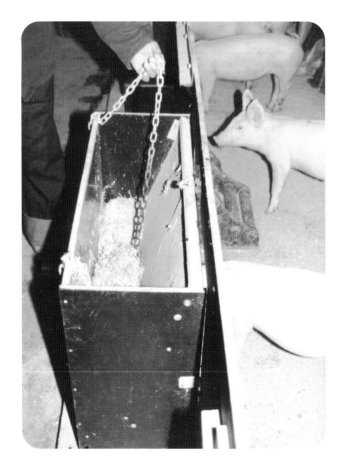

附图 27　玩具箱内的磨牙链,隔栏外的滚动套管、咬嚼器

附图 28　促使猪运动,防止咬斗,猪的玩具——撞袋

附图 29　猪的玩具球

附图 30　冷气管伸向冷气盒,供冷风

附图 31　冷水槽上加盖透气塑料网垫、上装防横卧的横挡

附图 32　淋浴开关,借倚靠、蹭碰,猪可自行开关

附图 33　踏板式开关

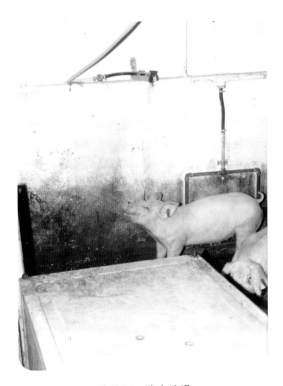

附图 34　猪在洗澡

参 考 文 献

[1] 中国畜牧业年鉴编辑委员会．中国畜牧业年鉴 2009．北京：中国农业出版社，2010．

[2] 中华人民共和国国家统计局．2011 国际统计年鉴．北京：中国统计出版社，2011．

[3] 中国畜牧业年鉴编辑委员会．中国畜牧业年鉴 2004．北京：中国农业出版社，2005．

[4] 中国畜牧业年鉴编辑委员会．中国畜牧业年鉴 2005．北京：中国农业出版社，2006．

[5] 中国畜牧业年鉴编辑委员会．中国畜牧业年鉴 2006．北京：中国农业出版社，2007．

[6] 中国畜牧业年鉴编辑委员会．中国畜牧业年鉴 2007．北京：中国农业出版社，2008．

[7] 中国畜牧业年鉴编辑委员会．中国畜牧业年鉴 2008．北京：中国农业出版社，2009．

[8] 申茂向，李保明．养殖业集约规模化与新型工业化．中国软科学，2005，12：77-84．

[9] 张明峰．瑞典的绿色养猪业．世界农业，2001，5：28-30．

[10] Moinard C，Mendl M，Nicol C J，et al. A case control study of on-farm risk factors for tail biting in pigs. Applied Animal Behaviour Science，2003，81（4）：333-355．

[11] European Commission. Council Directive 2001/93/EC of 9 November 2001，amending Directive 91/630/EEC laying down minimum standards for the protection of pigs. Brussels：EC，2001．

[12] 李保明，施正香，陈刚，等．2006 年养猪环境、设备设施研究进展．猪业科学，2007，1：70-73．

[13] 李保明，施正香．设施农业工程工艺及建筑设计．北京：中国农业出版社，2005．

[14] Boyle L A，Leonard F C，Lynch P B，et al. Effect of gestation housing on behaviour and skin lesions of sows in farrowing crates. Applied Animal Behaviour Science，2002，76：119-134．

[15] Barnett J L，Hemsworth P H，Cronin G M，et al. A review of the welfare issues for sows and piglets in relation to housing. Australian Journal of Agricultural Research，2001，52：1-28．

[16] Fernando P M，Steven J H，Todd V H. A quasi ad-libitum electronic feeding system for gestating sows in loose housing. Computers and Electronics in Agriculture，1998，

19：277-288.

[17] McGlone J J，Borell E H，von Deen J，et al. Compilation of the scientific literatures comparing housing systems for gestating sows and gilts using measures of physiology，behavior，performance and health. Professional Animal Scientist，2004，20：105-117.

[18] 包军. 应用动物行为学与动物福利. 家畜生态，1997,18(2):38-44.

[19] 王长平. 猪福利问题概述. 中国畜牧兽医，2005,32(12):62-64.

[20] Webster J. Animal welfare：A cool eye towards Eden. Oxford，Cambridge：Blackwell Science，1995.

[21] European Commission. Council Directive 2001/93/EC of 9 November 2001，amending Directive 91/630/EEC laying down minimum standards for the protection of pigs. Brussels：EC,2001.

[22] 李铁坚. 自然养猪法. 北京:中国农业大学出版社,2009.

[23] 沈国舫，汪懋华. 中国农业机械化科技发展报告(1949—2009). 北京:中国农业科技出版社,2009.

[24] 卢凤君，李晓红，李保明，等. 生猪健康养殖技术体系的培建与分析. 北京:中国农业出版社,2008.

[25] Arey D S. Time course for the formation and disruption of social organisation in group-housed sows. Applied Animal Behaviour Science，1999,62(2－3)：199-207.

[26] 李震钟. 家畜环境生理学. 北京:中国农业出版社,1999.

[27] Guise H J，Penny R H C. Tail-biting and tail-docking in pigs. Veterinary Record，1998,142(2)：46.

[28] 胡海彦，魏国生，包军. 集约化生产条件下断奶仔猪咬尾行为发育的观察. 家畜生态，1999,20(4)：31-35.

[29] Gardner J M，Duncan I J H，Widowski T M. Effects of social "stressors" on belly-nosing behaviour in early-weaned piglets：is belly-nosing an indicator of stress? Applied Animal Behaviour Science，2001,74(2)：135-152.

[30] Tan S S L，Shackleton D M. Effects of mixing unfamiliar individuals and of azaperone on the social behaviour of finishing pigs. Applied Animal Behaviour Science. 1990,26 (1－2)：157-168.

[31] 施正香，李保明，张晓颖，等. 集约化饲养环境下仔猪行为的研究. 农业工程学报，2004,20(2)：220-225.

[32] 周道雷. 断奶仔猪舍饲散养工艺及其相关问题探讨. 博士学位论文. 北京:中国农业大学,2006.

[33] Spoolder H A M，Geudeke M J，Van der Peet-Schwering，C M C，et al. Group housing of sows in early pregnancy：A review of success and risk factors. Livestock Science，2009,125 (1)：1-14.

[34] Remience V，Wavreille J，Canart B，et al. Effects of space allowance on the welfare of

dry sows kept in dynamic groups and fed with an electronic sow feeder. Applied Animal Behaviour Science,2008,112：284-296.

[35] 施正香,李保明. 动植物生产基础. 北京:中国农业出版社,2004.

[36] 梁丽萍. 饮水温度对断奶仔猪生长与行为的影响.硕士学位论文. 北京:中国农业大学,2009.

[37] 谭逸夫. 密闭式鸡舍湿帘风机降温系统调控方式研究.硕士学位论文. 北京:中国农业大学,2010.

[38] Schwarting, G. Kleiner, B. Tiergerechte Haltung von Schweinen in Nurtinger System. Schweinerwelt. 1993,3：1-6.

[39] Shi Z X,Li B M,Zhang X Y,et al. Using Floor Cooling as an Approach to Improving the Thermal Environment in the Sleeping Area in an Open Pig House. Biosystems Engineering. 2006.93(3)：359-364.

[40] Haugse,C N,Dinusson W E,Erickson D O,et al. Buchanan. A day in the life of a pig. Feedstuffs. 1965,37：18-23.

[41] 席磊. 环境丰富度对育肥猪行为与生产性能影响的试验研究:[博士学位论文]. 北京:中国农业大学,2007.

[42] Barnett J L,Hemsworth P H,Cronin G M,et al. Effects of pen size,partial stalls and method of feeding on welfare-related behavioural and physiological responses of group-housed pigs. Applied Animal Behaviour Science,1992,34：207-220.

[43] Barnett J L,Cronin G M,McCallum T H,et al. Effects of pen size /shape and design on aggression when grouping unfamiliar adult pigs. Applied Animal Behaviour Science,1993,36：111-122.

[44] Wiegand R M,Gonyou H W,Curtis S E. Pen shape and size：effects on pig behaviour and performance. Applied Animal Behaviour Science,1994,39：49-61.

[45] 庞真真. 母猪冷水降温猪床的试验研究.博士学位论文.北京:中国农业大学,2011.

[46] Quiniou N,Noblet J. Influence of high ambient temperature on performance of multiparous lactating sows. Journal of Animal Science,1999,77 (8)：2124-2134.

[47] Silva B A N,Oliveira R F M,Donzele J L,et al. Effect of floor cooling on performance of lactating sows during summer. Livestock Science,2006,105 (1－3)：176-184.

[48] Smith J H,Wathes C M,Baldwin B A. The preference of pigs for fresh air over ammoniated air. Applied Animal Behavior Science,1996,49：417-424.

[49] 顾招兵. 分娩舍设施对猪行为及健康的影响.博士学位论文. 北京:中国农业大学,2010.

[50] 司建林."诺廷根"暖床养猪工艺设备及其应用. 农业工程学报,1995,11(增刊)：92-96.

[51] Pedersen L J,Jørgensen E,Heiskanen T,et al. Early piglet mortality in loose-housed sows related to sow and piglet behavior and to the progress of parturition. Applied Animal Behavior Science,2006,96：215-232.

［52］PokornáZ，Illmann G，ŠimečkováM，et al．Carefulness and flexibility of lying down behavior in sows during 24 h post-partum in relation to piglet position．Applied Animal Behavior Science，2008，114：346-358．

［53］加拿大阿尔伯特农业局畜牧处．养猪生产．刘海良译．北京：中国农业出版社，1998．

［54］Dijk A J，Rens B T T M，Lende T，et al．Factors affecting duration of the expulsive stage of parturition and piglet birth intervals in sows with uncomplicated，spontaneous farrowings．Theriogenology，2005，64：1573-1590．

［55］Canario L，Cantoni E，Le Bihan E，et al．Between-breed variability of stillbirth and its relationship with sow and piglet characteristics．Journal of Animal Science，2006，84：3185-3196．

［56］Damm B I，Forkman B，Pedersen L J．Lying down and rolling behavior in sows in relation to piglet crushing．Applied Animal Behavior Science，2005，90：3-20．

［57］Damm B I，Pedersen L J，Heiskanen T，et al．Long-stemmed straw as an additional nesting material in modified Schmid pens in a commercial breeding unit：effects on sow behavior，and on piglet mortality and growth．Applied Animal Behavior Science，2005，92：45-60．

［58］National Pork Board（NPB）．Swine Care Handbook．Des Monies，IA，USA：NPB，2003．

［59］中华人民共和国国家技术监督局．GB/T 17824.1—2008．规模猪场建设．北京：中国标准出版社，2008．

［60］殷宗俊，汪春乾，王自立，等．饲养密度对断奶仔猪生长和行为的影响．安徽农业大学学报，2000，27(1)：79-81．

［61］Jantina E B，Willem G P S，Johan W S，et al．Effects of rearing and housing environment on behaviour and performance of pigs with different coping characteristics．Applied Animal Behaviour Science 2006，101：68-85．